북촌 건축 기행

북촌 건축 기행

천경환
지음

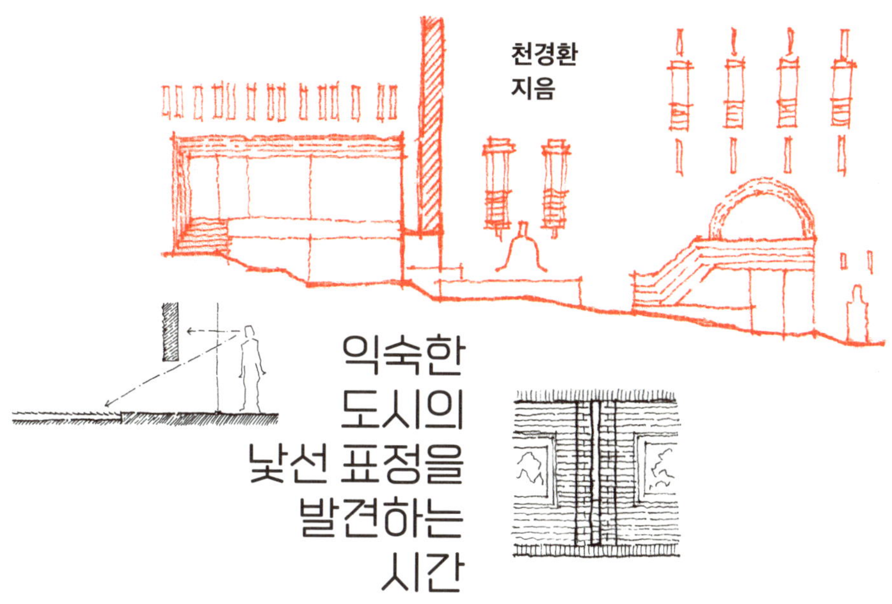

익숙한
도시의
낯선 표정을
발견하는
시간

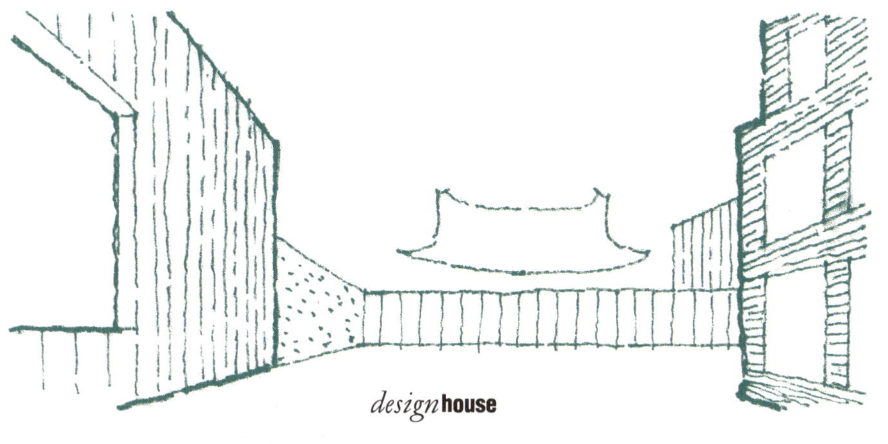

design **house**

자기 안의 감각을 새롭게 깨우는 여정

저는 건물을 설계하는 사람입니다. 단독 주택이나 상가 주택, 펜션 같은 작은 건물을 정성껏 디자인하고 잘 지어지도록 감독하는 것이 제가 하는 일입니다.

저는 북촌 한옥마을 끝자락, 계동의 작은 한옥에서 일하고 있습니다. 워낙 예쁘기로 유명한 동네다 보니, 그리고 한옥에 건축사사무소를 꾸리는 것이 흔한 일은 아니다 보니, 어떻게 해서 이곳에서 이렇게 일하게 되었는지 사람들은 가끔 물어봅니다. 건축가들은 자신이 추구하는 건축 철학에 어울리는 이미지의 동네로 사무소 위치를 정하기도 합니다. 더 나아가, 아예 자리 잡은 동네 이름을 따서 사무소 이름을 짓기도 하지요. 북촌 한옥마을. 계동. 워낙 개성 있는 동네라 근사한 설명을 기대하는 것도 무리는 아니겠습니다.

그런데 사실, 별다른 이유는 없었습니다. 문득 전에 같이 일해 본 건설사 대표님으로부터 소개받아 아주 좋은 조건으로 이곳에 오게 되었습니다. 이제껏 아파트, 오피스텔, 고층 오피스 빌딩 등에서 지내 왔고, 북촌이나 한옥에는 딱히 관심이 없었습니다. 건축가들이 즐겨 언급하는 '골목'이나 '마당' 같은 주제에도 시큰둥한 편이었습니다. 그보다는 롯데월드나 코엑스몰 같은 장소가 더 친숙했습니다. 줄곧 그렇게 지내다 불시착한 우주선처럼 불쑥 이곳에 자리 잡게 되었습니다. 그래서 오히려 더 들뜬 마음으로 촉각을 곤두세우고 둘러보게 되었던 것 같습니다. 사진과 그림으로 보고 머리로만 이해하고 있던 한옥에서 지내게 되니 익숙하면서도 낯선 느낌이었습니다. 그리고 안국역 3번 출구로 나와 계동 길을 따라 중앙고등학교 정문으로 이어지는 길을 출퇴근길로 삼게 된 것은 큰 축복이었습니다.

매일 뭔가 발견한다는 생각이 들었습니다. 며칠, 몇 주, 몇 달을 걸어 다니다 문득 이 길이 왜 좀처럼 지루하게 느껴지지 않는지 궁금해졌습니다. 이 길이 왜 예쁘게 느껴지는지, 이 길은 어떤 모양으로 흘러가고 있는지, 이 길에서는 어떤 사람들이 어떤 일을 벌이며 살아가고 있는지, 이 길에는 어떤 건물이 늘어서 있는지, 주변 동네에는 어떤 건물들이 있는지 알아보고 싶어졌습니다. 그리고 과거의 건축 양식인 한옥에서 지내는 것이 요즘 세상에서 어떤 의미가 있는지, 한옥에 대해 습관처럼 갖고 있던 편견은 무엇이었고 정작 현실은 어떠한지, 새롭게 발견한 매력은 무엇이었는지 소박하게라도 정리해 보면 좋겠다는 생각이 들었습니다. 더 나아가 이렇게 알아보고 정리한 것들을 더 많은 사람들과 나누고 싶다는 바람도 들었습니다.

막연한 바람은 어라운드트립이라는 건축 전문 여행사의 가이드가 되면서 현실화되었습니다. 일종의 '건축 도슨트' 일을 하게 된 것이죠. 열 명 남짓한 손님들을 이끌고 서너 시간 동안, 계동길을 중심으로 북촌 일대의 건물들을 둘러보며 설명하는 일이었습니다. 여행의 끝은 '깊은풍경한뼘마당집'으로 이름 붙인, 제 건축사사무소에서 마무리하는 것으로 기획했습니다. 마침 제 사무소 위치나 장소의 성격이 여행을 끝내며 정리하기에 적당했기 때문입니다. 물론 제 작업 공간을 보여 드리며 제 일을 홍보하고 싶다는 사심도 있었습니다. 얼떨결에 시작한 일이 어느새 1년 넘게 이어졌고, 이런저런 이야기들이 다듬어지고 쌓여 갔습니다. 하나의 코스로 시작했으나 투어가 거듭되면서 내용이 조금씩 추가되고 바뀌어 지금은 서너 개의 코스를 마련할 수 있게 되었습니다. 건축가는 의뢰인을 상대로 프레젠테이션하는 데 익숙한 사람들입니다. 저 또한 많은 사람 앞에서 제 생각과 주장을 풀어놓는 일이 보람 있고 즐거웠습니다. 반응이 좋았습니다. 대체로 많이들 즐거워했습니다. 대화와 질문을 통해 거꾸로 제가 깨닫거나 배우는 경우도 많았습니다. 덕분에 시간이 지날수록 내용이 점점 더 알차게 된 것 같습니다. 입소문을 타면서 횟수가 점차 늘어났고, 다양한 나이와 신분의 손님들과 만나게 되었습니다. 대체로 건축에 막연한 흥미를 느껴 찾아온 보통 사람들이 많았지만, 건축을 전공으로 공부하는 학생이나 건축설계 업종에 종사하는 사람도 적지 않았습니다. 단체 의뢰가 들어와 한 번에 예순 명이 넘는 손님들을 안내하는 경우도 있었습니다.

그렇게 지내던 어느 날 문득, 건축 여행 이야기를 주제로 삼아 책을 쓰면 좋겠다는 생각이 들었습니다. 말을 글로 정리하면 내용도 깊어지고, 미처 풀지 못했던 이야기도 담을 수 있을 것 같았고요.

이 책은 실제 진행하고 있는 북촌 건축 여행의 두 개 코스를 다루고 있습니다. 10, 11쪽 지도의 A는 북촌의 동쪽 끝, 창덕궁 근처에서 시작하는 여행의 전반부, B는 북촌의 서쪽 끝, 경복궁 옆 미술관에서 시작하는 여행의 전반부에 해당합니다. C는 계동길과 계동길에 자리 잡은 건축물들을 다루는 여행의 후반부입니다. 계동길과 건축물에 관한 꼭지를 하나씩 번갈아 배열했는데, 함께 걸어가며 길 이야기를 하다가 잠시 멈추어 건물 이야기를 하고, 다시 발걸음을 옮겨 길을 살펴보는 실제 건축 여행을 재현한 것입니다. A와 C를 합하면 '공간사옥과 계동길 코스', B와 C를 합하면 '미술관과 계동길 코스'가 되지요. 두 코스 모두 계동길을 따라 올라가 원서고개에 자리 잡은 깊은풍경한뼘마당집을 찾아가는 것으로 마무리됩니다.

　　책을 쓰면서 두 가지 바람이 있었습니다. 첫 번째는 건축에 관한 감각을 키우는 것입니다. 건축은 분명 제대로 이해하기 위해서는 전문 지식이 필요한 분야입니다. 만만치 않은 시간과 노력을 요구하는 관련 교육 과정이 마련되어 있습니다. 공적인 책임과 권한을 규정하는 국가공인자격증도 있습니다. 하지만 교육받고 자격증을 갖춘 전문가가 아니더라도, 우리는 모두 건축물을 늘 직간접적인 삶의 배경으로 두고 살아가고 있습니다. 삶의 거의 모든 시간 동안 건물 안팎을 무대로 삼고 살아가면서, 알게 모르게 건축을 느끼고 발견하고 평가합니다. 그런 점에서 우리는 건축에 대한 안목과 소양을 어느 정도는 이미 갖추고 있다고 할 수 있습니다. 저는 우리가 몸 안에 품고 있지만 아직 깨닫지 못하는 감각에 작은 불꽃을 일으키고 싶습니다. 그렇게 물꼬를 트고 싶습니다. '전혀 모르고 있던 것들을 새롭게 배운다'가 아닌, '어렴풋이 짐작하고 있던 것들을 의외의 관점에서 다시 발견한다'는 느낌으로 이 책을 읽어 주었으면 합니다.

　　두 번째는 북촌과 한옥이 일회성 구경거리로 소비되는 것을 지양하고 좀 더 진지한 담론의 대상이 되기를 바라는 마음입니다. 북촌은 서울에서도 몇 안 되는 뚜렷하고 강렬한 이미지로 꾸준히 인기를 끌고 있는 동네입니다. 많은 사람들이 북촌이라는 동네와 한옥이라는 주거 양식을 신기해하고 때로는 선망합니다. 하지만 우리는 서울의 모든 동네가 북촌처럼 될 수는 없고 모든 서울 사람이 한옥에서 살 수는 없음을, 아니, 그렇게 될 필요가 없으며 그렇게 되어서도 안 된다는 사실을 잘 알고 있습니다. 어쩌면 북촌과 한옥은, 신도시와 아파트로 대표되는 현실적인 이상향 내지는 표준적인 삶을 얻기 위해 포기했던 삶의 방식을 대변하는 개념인지도 모르겠습니다. 더 나아가, 현실과 표준에서 느끼는 아쉬움의 막연한 대안을 북촌에서 찾고 있는 것인지도 모르겠습니다. 그런 측면에서 북촌과 한옥이 많은 이들을 매혹하는 이유가 무엇인지, 북촌과 한옥에서의 삶이 의미하는 바가 무엇인지, 그리고 그것이 지금 우리 보통의 삶의 모습에 던지는 메시지가 무엇일지에 대해서도 이야기하고 싶다는 작은 욕심이 있습니다.

무언가를 꾸준히 한다는 것, 그 활동이 다음으로 이어진다는 것은 참 좋은 일 같습니다. 이 책에서 힌트를 얻어 각자의 동네를 자신만의 템포로 여기저기 기웃거리며 거니는 분들이 생겼으면 합니다.

그럼 함께 떠나 봅시다. 반나절 건축 나들이.

청와대로

삼청로

● A 창덕궁 종합관람지원센터 → 공간사옥 → 어니언 → 북촌문화센터
● B 금호미술관과 갤러리현대 → 국립현대미술관
    → 홍현 북촌마을안내소와 서울교육박물관 → 송원아트센터
    → 설화수의 집과 오설록 티하우스
● C 계동길 → 뮤지움헤드 → 계동길 → 물나무 사진관 → 계동길
    → 북촌한옥역사관 → 계동길 → 깊은풍경한뼘마당집

중앙고등학교
북촌로
깊은풍경 한뼘마당집
설화수의 집
오설록 티하우스
계동길
원서고개
창덕궁
계동교회
북촌한옥역사관
뚤나무 사진관
뮤지엄헤드
C
북촌문화센터
창덕궁 종합관람지원센터
송원아트센터
어니언
공간사옥
헌법재판소
안국역
A
율곡로
© 최익견

일러두기

● '북촌'은 원래 청계천 북쪽 일대를 일컫는 말로, 지금의 명동과 남산 일대를 가리키는 '남촌'과 짝을 이루는 개념이었습니다. 한강을 기준으로 '강남'과 '강북'을 구분하는 것과 비슷하지요. 지금은 경복궁과 창덕궁, 두 궁궐 사이, 북악산 기슭에 자리 잡은 동네를 뜻하는 말이 되었습니다. 비교적 또렷하게 구분되는 영역을 가졌다는 사실이 북촌이라는 동네가 강렬한 이미지를 지니게 된 주요 이유들 중 하나라고 생각합니다.

● 첫 번째 여행은 북촌의 동쪽 끝, 창덕궁 근처에서 시작하고 두 번째 여행은 북촌의 서쪽 끝, 경복궁 근처에서 시작합니다. 두 여행 모두, 가운데 계동길을 따라 올라가 원서고개에 자리 잡은 '깊은풍경한뼘마당집'을 찾아가는 것으로 마무리됩니다.

● 북촌에는 좋은 건물들이 많이 있습니다. 그중에서 여러 사람이 두루두루 구경하기에 편하고, 동선에서 크게 벗어나지 않고, 저의 설명이 요긴할 것으로 판단되는 건물 위주로 선택했음을 밝힙니다.

CHAPTER 1　창덕궁과 공간사옥을 지나 북촌 초입까지

창덕궁 돌담 옆 작은 숲
창덕궁 종합관람지원센터　019

시간과 공간의 합작품
공간사옥　027

| 김수근과 공간사옥, 공간사옥과 김수근
| 아늑함 속에 깃든 뜻밖의 도전 정신
| 맞춤 설계실이 독특한 미술관으로
| 투명성이라는 보편적 주제 의식
| 마당이 완성된 순간
| 하얀 간판은 여전히 당당하게

한옥의 안팎 경계를 규정하는 몇 가지 방법들
어니언　079

북촌 한옥마을과 한옥, 알면 보인다
북촌문화센터　085

| 온돌과 보편적 한옥이라는 과제
| 문지방을 넘나들며 살아간다는 생활 감각

CHAPTER 2 건축 여행자의 눈으로, 북촌 미술관 탐방

CHAPTER 1 창덕궁과 공간사옥을 지나

북촌 초입까지

'나는 어떤 건축가인가,
나는 어떤 디자인을 해야 하는가'라는 문제의식은
결국 '한국적인 건축은 무엇인가,
한국적인 아름다움은 무엇인가'라는 질문에 대한
대답을 구하는 것으로 이어졌습니다.

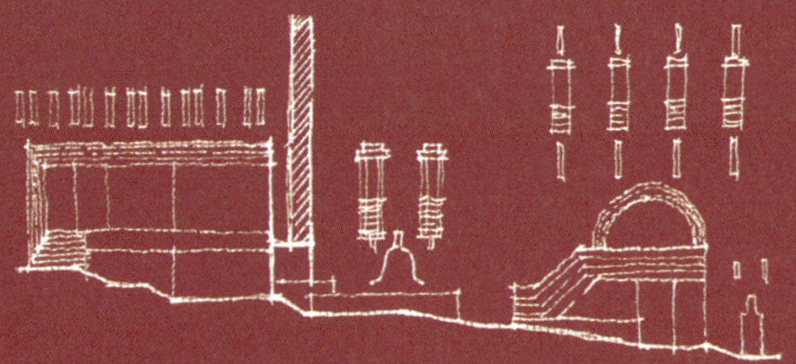

창덕궁 돌담 옆 작은 숲
창덕궁 종합관람지원센터

서울시 종로구 율곡로 99

돈화문 바로 옆 '창덕궁 종합관람지원센터'(이하 관람지원센터)에서 나들이를 시작하는 데에는 몇 가지 이유가 있습니다. 일단 이곳은 북촌의 동남쪽 경계, 모서리에 해당하는 지점입니다. 여기에서 나들이를 시작해서 북촌 중심 방면으로 향하다 보면 자연스럽게 북촌의 분위기 속으로 스며들어 가게 됩니다. 게다가 창덕궁은 워낙 유명한 랜드마크이니 모이는 장소가 어디인지 설명하기 편합니다. 커다란 은행나무와 함께 공터가 넓게 펼쳐져 있어서 여럿이 함께하기에도 좋지요. 사람들이 그리 많지 않아 번잡스럽지도 않습니다.

무엇보다 이곳에 자리 잡은 관람지원센터는 유명하진 않지만 여러분께 소개할 만한 좋은 건물입니다. 창덕궁과 좋은 대조를 이루며 좋은 관계를 맺고 있고, 결과적으로 창덕궁과 함께 좋은 장소를 만들고 있기 때문입니다.

‘여러 건물이 서로를 배려하고 존중하는 마음으로 어울려 좋은 장소를 만드는 풍경.’ 북촌 건축 나들이를 관통하는 키워드를 꼽으라면, 어쩌면 이것일지도 모르겠습니다. 네. 그래서 이 건물, 이 장소를 보여 드리는 것으로 나들이를 시작하고 싶었습니다. 대단하게 화려하거나 유명한 건물은 아니지만 말이지요.

방금 말씀드렸듯 주인공을 돋보이게 하기 위해 조용히, 살짝 뒤로 물러난 듯한 인상입니다. 율곡로 건너편 남측에서 바라보면 눈길은 자연스럽게 창덕궁의 정문인 돈화문으로 향하고, 관람지원센터는 잘 보이지도 않습니다. 누군가 저기에 건물이 있다고 알려주기 전까지는 나무 몇 그루가 모여 있는 아주 작은 숲으로 착각할 만합니다. ‘작은 숲’, 멀리서 보면 관람지원센터는 정말 그렇게 보입니다. 가느다란 기둥들은 나무줄기를 닮았고, 두서없이 늘어선 기둥의 배열은 숲속 나무들의 모습과 유사합니다. 기둥들이 떠받치고 있는 얇은 지붕은 넉넉한 처마를 이루고 있는데, 처마 밑 그늘은 왠지 나무 그림자 같은 느낌을 줍니다. 작은 숲이라는 이미지는 관람지원센터의 존재감을 적당히 누그러뜨리는 한편 돈화문을 돋보이게 하는 데 제법 성공적인 전략으로 보입니다.

하지만 관람지원센터가 창덕궁에게 모든 것을 양보하고 물러나 있는 것만은 아닙니다. 독자적인 존재감으로 창덕궁과 선명히 대조를 이루고 있지요. 창덕궁을 도와주기 위해 태어났지

창덕궁과 선명히 대조를 이루는 흐릿한 존재감의 관람지원센터.

만 창덕궁과는 엄연히 다른 존재입니다. 다른 시대에, 다른 기술과 다른 배경으로 지은 '오늘의 건물'이고, 그 사실을 감추지 않고 노골적으로 드러내어 정체성으로 삼습니다. 관람지원센터의 얇은 철판, 넓은 유리, 가느다란 철 기둥은 창덕궁 돈화문의 묵직한 검은 기와, 거칠게 쪼갠 화강석, 두툼한 나무 기둥과 강하게 대비됩니다. 태도 또한 그렇습니다. 궁궐과 궁궐의 문은 존재 자체가 선언이자 약속입니다. 왕조와 권력이 영원할 것이라는 약속을 물리적으로 표현한 것이죠. 같은 간격으로 나란히, 반듯하게 서 있는 두툼한 나무 기둥들은 궁궐의 주인인 왕조와 함께 앞으로 수백, 수천 년이 지나도 변함없이 이곳에 이렇게 서 있겠다는 다짐을 보여 주고 있습니다. 묵직한 기와와 거친 화강석 또한 그렇습니다. 하지만 관람지원센터는 창덕궁을 보조하기 위해 지은 건물이기에 가볍고 가뿐한 느낌으로, 존재감을 최대한 흐릿하게 만들어야 합니다.

그에 걸맞게 가느다란 기둥들은 위치가 몇 개 달라지거나 심지어 한두 개 없어지더라도 알아차리기 힘들 것 같습니다. 삐딱한 철판 처마와 유리벽은 꼭 지금의 자리와 각도가 아니라 조금 옆이나 뒤에 다르게 세워졌어도 아무런 문제가 없었을 것임을 드러내고 있습니다. 애초에 창덕궁에 비하자면 얼마든지 변하거나 심지어 사라질 수도 있는 건물이라는 이미지로 디자인한 것입니다. 창덕궁이 약속하는 '영원성'과 정확히 대비되도록 말이지요.

전략이 분명하니 디자인은 논리적이고, 작은 디테일까지 태도의 일관성이 생깁니다. 기둥은 처마에 뚫린 구멍으로 스며드는 듯 연출되었습니다. 기둥과 지붕이 연결되는 지점을 감추면서 건물 전체의 실루엣을 선과 면의 조합으로 단순하게 만든 것이지요. 요소와 요소, 부재와 부재의 연결 부분을 보란 듯 드러내어, 실루엣을 살짝 부풀어 오른 듯 복잡하게 연출하고 있는 돈화문과는 아주 다른 태도입니다. 기둥의 받침도 그렇습니다. 돈화문에서는 번듯하고 큼지막한 주춧돌을 만들어 그 위에 기둥을 소중히 모시듯 올려놓고 있지요. 묵직하게 자리 잡고 있는 주춧돌들은 '기둥은 반드시 이 자리에, 이 배열로 서 있어야 한다'고 강하게 주장하고 있습니다. 관람지원센터에서는 주춧돌이라고 할 것이 따로 없이, 맨땅에서 대나무가 불쑥 솟아오르듯 기둥이 세워져 있지요. 게다가 기둥들의 위치도 규칙적이지 않아 별다른 의지나 주장 없이 자연적으로 발생한 것 같은 느낌이지요.

하지만 그러면서도 둘은 제법 닮았습니다. 넉넉한 처마, 지붕을 지탱하는 여러 개의 기둥, 낮고 길게 펼쳐진 벽. 기본적 요소와 구성의 문법에서 동일한 '건축 유전자'를 공유하고 있습니다. 매우 달라 보여도 둘은 '건축 형제'인 것입니다. 관람지원센터가 창덕궁에 갖는 감정은 단순하지 않습니다. 관람을 지원하려고

관람지원센터에서 기둥들은 우연히 생겨나 느슨하게 자리 잡은 듯한 모습이다.

태어났음을 충분히 이해하고 있고, 그래서 나서지 않고 뒤로 물러나려 합니다. 하지만 창덕궁의 일부가 되는 것은 완강히 거부한 채 정교한 대비를 통해 나름의 정체성은 갖추려 합니다. 그러면서도 창덕궁과 닮으려 합니다. 대강의 구성 원리를 공유하려 합니다. 이렇게 갈팡질팡하는 듯한 흐름을 관통하는 것은 수백 살 살아온 큰 어른을 존중하는 마음입니다.

흔히 다른 분야와 결정적으로 구분되는 건축의 본질적 속성으로, 한곳에 고정되어 장소의 일부가 된다는 점을 꼽습니다. 그래서 들어서게 될 장소와 어떤 관계를 맺게 할 것인지 정하는 것은 건물을 디자인하면서 가장 먼저 맞닥뜨리는 고민거리이자, 이후 전개할 작업의 큰 방향을 정하는 매우 중요한 디자인 행위이지요. 서울의 건물 중 궁궐만큼 존재감과 카리스마가 강한 것도 별로 없을 것입니다. 창덕궁 바로 옆이라는 조건은 건축가에게 작지 않은 부담과 욕심을 불러일으켰을 것입니다. 바로 옆에 세워져야 하는 만큼, 관람지원센터는 기능적으로는 물론이고, 건축적으로도 창덕궁과 의미 있는 관계를 맺어야 합니다. 이런 측면에서 다시 바라보면, 관람지원센터는 만만치 않은 고민을 잘 해결한 수작임을 실감하게 됩니다. 적절히 낮추고 적절히 차별되고 적절히 닮게 디자인하여, 창덕궁과의 관계를 잘 풀어냈다고 봅니다. 덕분에 창덕궁과 관람지원센터를 아우르는 이 일대가 더 의미 있는 장소가 되었습니다.

　　　여러 면에서 예사롭지 않다고 생각했는데, 알고 보니 관람지원센터는 건축가 승효상의 작품이었습니다. 정교하고 미니멀한 와중에 문득 느슨하고 넉넉해 보이는 몸짓. 그리고 의외로 다양한 재료를 쓰면서도 대체로 단아하게 정리되어 보이는 물성의 조합에서 그의 작업 성향을 느낄 수 있지요. 저쪽 큰 나무들 사이로 커다란 유리 상자가 보입니다. 투명한 유리 너머 검은 벽돌 건물도 얼핏 보이는데요. 승효상의 스승, 건축가 김수근의 대표작입니다. 다음 나들이 장소인 '공간사옥'으로 이동하겠습니다.

시간과 공간의 합작품
공간사옥

서울시 종로구 율곡로 83

김수근과 공간사옥, 공간사옥과 김수근

지금은 '아라리오뮤지엄 인 스페이스'라 불리고 있지만, 원래 이 건물은 아시다시피 공간사옥이었지요. 공간사옥이라 간단히 부르지만 여러 용도가 복합된, 제법 복잡한 건물이었습니다. 건축가 김수근이 이끄는 공간연구소(현 공간종합건축사사무소)의 사옥이자 월간지 《공간》(현 《스페이스》)을 펴내는 잡지사의 편집실, '공간화랑'이라는 작은 미술관, '공간사랑'이라는 소극장, 작은 카페가 이 작은 건물 안에 모여 있었습니다.

공간사옥을 설계한 사람은 그 유명한 건축가 김수근입니다. 공간사옥을 김수근과 떼어 놓고 이야기할 수 없지요. 김수근은 일제강점기에 함경북도 청진시에서 태어났습니다. 청진에서 그의 아버지는 정어리를 잡아 기름을 짜는 사업을 했다는데, 매우 부유한 집안이었다고 하지요. 소학교에 입학할 무렵 경성으로 이사해 가회동과 바로 근처 원서동 등 북촌 일대에서 유년기를 보내게 됩니다. 태어난 곳과는 별개로 정서적인 고향은 북촌이라 할 수 있습니다. 그 점이 공간사옥이 여기에 자리 잡은 이유일 것이라 짐작합니다. 한국전쟁 때는 전쟁을 피해 몰래 일본으로 건너가 도쿄예술대학에서 건축을 배우고, 전쟁이 끝난 뒤 귀국합니다. 그때만 해도 한국에는 제대로 건축을 공부한 전문가가 드문 때였지요. 게다가 김수근은 당시 권력층과 친분이 있었다고 합니다. 덕분에 국가 주도의 대형 프로젝트들을 맡을 수 있었습니다. 세운상가, 워커힐, 서울신라호텔 근처에 있는 자유센터와 타워호텔(현 반얀트리 클럽 앤 스파 서울) 같은 건물들이지요. 대부분 당시 널리 유행하던 노출 콘크리트를 적용한 건물들인데, 부분적으로 목재 짜맞춤을 흉내 낸 듯한 디테일을 볼 수 있습니다. 르코르뷔지에의 영향과 더불어 건축 교육 배경인 일본의 초기 현대 건축 영향이라 할 수 있겠습니다.

대형 프로젝트들을 성공적으로 수행하던 와중에 큰 소란이 벌어집니다. 김수근이 설계한 국립부여박물관(현 사비도성 가상체험관)을 두고 일본의 고건축 양식을 흉내 냈다는 논란이 일어난 것입니다. 이 논란은 당시 <동아일보> 1면에 크게 다루어질 정도였고, 김중업 건축가로부터 왜색이라는 혹평을 받기도 했답니다. 김수근은 '일본의 스타일도, 백제의 스타일도 아닌 김수근의 스타일'이라고 반박했다는데, 솔직히 저는 무슨 말인지 잘 모르겠습니다. 저로서는 지금 보아도 거의 반사적으로 일본 건축이 떠오를 정도로 닮아 보입니다. 모방인지, 우연인지, 오해인지는 모르겠지만 말이죠.

아무튼 이 논란은 건축가 김수근에게 큰 전환점이 됩니다. '나는 누구인가, 나는 어떤 건축가인가, 나는 어떤 디자인을 할 것인가.' 이런 근본적인 문제에 대해 진지하게 고민하게 된 것이죠. 고민을 해소하기 위해, 훗날 국립중앙박물관 관장이 되는 최순우와 교류하며 전국의 민가와 사찰 등을 답사하기 시작했습니다. 어린 시절 북촌에서의 경험 또한 새삼스럽게 되돌아보지 않았을까 하고 짐작합니다. 한국의 아름다움, 한국의 건축에 대해 고민하고 공부한 것입니다. 그것을 정리해서 내놓은 결과가 바로 이 공간사옥입니다. 공간사옥은 건축가 김수근이 사업적으로 성공한 건축가를 뛰어넘어, 같은 시대를 살아가는 동료 건축가들의 공통된 문제의식을 대표하는 건축가로 발돋움하는 계기가 됩니다. 공간사옥을 통해 작업 방향에 대한 확신을 갖게 된 것인지, 이 건물은 이후 대학로 일대의 샘터사옥(현 공공일호), 아르코미술관, 아르코예술극장, 경동교회, 남영동 대공분실(현 민주화운동기념관)로 이어지며 오랫동안 김수근 건축의 정체성이 된 '벽돌 연작'의 시작점이 됩니다.

현재 아라리오뮤지엄 인 스페이스로 바뀐 공간사옥.

좁은 계단과 낮은 출입구는 앞으로 공간사옥 내부에 '극단적으로 작은 스케일 감각'이라는
디자인 주제가 본격적으로 펼쳐질 것을 암시하고 있다.

그렇다면 김수근이 한국적인 건축에서 힌트를 얻어 새롭게 정리한 작업의 방향은 무엇이었을까요? 첫 번째로, '극단적으로 작은 스케일 감각'을 들 수 있습니다. 예를 들어, 건물 초입에 허리춤 높이의 담장이 보이는데, 담장 안쪽에 아주 좁은 계단이 숨어 있어요. 폭이 60센티미터 정도로 한 사람이 간신히 드나들 정도입니다. 그리고 담장 뒤쪽의 계단을 올라가면 보이는 곳이, 지금은 폐쇄되었습니다만, 예전에는 로비로 통하는 입구였는데요. 제가 그리 큰 키가 아닌데도 까치발을 하지 않고도 손만 위로 뻗으면 천장에 닿을 정도입니다. 한국 고건축을 보면 궁궐처럼 커다란 건물도 있지만, 대부분의 집과 집을 이루는 기본 공간인 온돌방은 아주 작은 게 특징입니다. 한두 사람이 들어가 팔다리를 벌리고 누우면 방 전체가 꽉 찰 정도로 좁아요. 소박함과 검소함을 미덕으로 삼는 당시 사회 분위기와 더불어, 공간 체적을 줄여 난방 효율을 높이기 위함 등이 이유가 되겠습니다. 이것을 아늑하고 편안한 공간 감각이라 좋게 말할 수도 있겠지요. 공간사옥 안팎 곳곳에서 이렇게 몸에 딱 들어맞는 듯한 공간 감각을 느낄 수 있습니다. 건축가 김수근은 이를 두고 '휴먼 스케일'이라 설명했습니다.

두 번째로, 막힌 듯 뚫려 있고 끊어질 듯 이어지는 아기자기한 연속 공간 감각(시퀀스)을 꼽을 수 있습니다. 지하층 진입 마당은 위에서 내려볼 때는 얼핏 막다른 것처럼 보이는데요. 마당으로 내려오면 오른쪽 사선 방향으로 보이지 않았던 필로티가 나타나고, 필로티 너머 또 다른 마당으로 이어진다는 사실을 깨닫게 됩니다. 이런 장면은 여러 채로 이루어진 사찰이나 서원을 거닐 때의 체험, 앞마당과 뒷마당을 때로는 구분하고 때로는 연결하는 대청마루에서의 경험과 제법 비슷합니다. 어릴 적 북촌의 아기자기한 골목길에서의 추억이 영향을 미쳤으리라 생각하는 사람도 있지요. 건축가 김수근의 정서적인 고향이 북촌이라는 점, 공간사옥이 북촌에 세워졌다는 점, 외벽의 검은 전벽돌의 질감이 한옥

마당으로 내려와야 비로소 필로티가 나타나고,
필로티 너머 또 다른 마당으로 이어진다는 사실을 깨닫게 된다.

갈라진 빈틈을 기점으로 오른쪽은 공간 구사옥 구관이고, 왼쪽은 이후 증축한 공간 구사옥 신관이다.
지금은 모두 통틀어 공간 구사옥 또는 공간사옥이라 부른다.

마을의 기와를 닮았다는 점 등을 생각하면 꽤 그럴듯한 해석인 것 같습니다.

'나는 어떤 건축가인가, 나는 어떤 디자인을 해야 하는가'라는 문제의식은 결국 '한국적인 건축은 무엇인가, 한국적인 아름다움은 무엇인가'라는 질문에 대한 대답을 구하는 것으로 이어졌습니다. 방금 말씀드린 두 가지 방향은 결과적으로 공간사옥을 비롯한 벽돌 연작을 통해 무난히 구현되었다는 점에서 제법 잘 도출한 대답이었다고 생각합니다.

공간사옥은 얼핏 보면 한 번에 지은 하나의 건물 같지만, 사실은 두 차례에 걸쳐 지은 후 하나로 연결한 두 개의 건물입니다. 하지만 편의상, 검은 벽돌 건물을 통틀어 공간 구사옥 또는 공간사옥으로 부르는 것이 보통입니다. 창덕궁 앞에서 여기로 오면서 얼핏 본 유리 건물이 공간 신사옥인데요, 그건 나중에 설명하겠습니다. 왼쪽 사진을 살펴보면 건물 중간에 갈라진 틈이 있는 것을 알 수 있는데 갈라진 틈에서 오른쪽, 그러니까 언덕 아래쪽은 1970년대 초반에 먼저 지은 부분이고요, 갈라진 틈에서 왼쪽, 즉 언덕 위쪽은 1970년대 후반에 증축한 공간구사옥 신관입니다. 그런데 두 부분의 구조 형식이 달라요. 먼저 지은 부분은 벽돌로 구조체를 만든 벽돌조 건물이고, 나중에 지은 부분은 철근콘크리트 구조체에 벽돌 마감을 덧붙인 철근콘크리트조 건물입니다. 철근

빈틈 사이 창문과 모양만 남은 계단. 과거, 증축 전의 추억.

같은 설계실의 창문이지만, 구관(위)과 신관(아래)의 모양이 다르다.

콘크리트조 건물이다 보니 건물 안에 넓고 높은 진입 마당을 둘 수 있었던 것이죠. 구조 형식의 차이는 당연히 내부 공간 구성의 차이로 이어지는데, 먼저 지은 벽돌조 부분은 잘게 나뉜 방들이 모여 있고, 나중에 지은 철근콘크리트조 부분은 상대적으로 넓고 높은 공간으로 이루어져 있습니다. 그리 긴 시간을 두고 지은 것도 아닌데 구조 형식이 달라졌다는 점은 지금의 눈으로 보면 이해가 잘되지 않아 여러모로 역동적인 시절이었음을 짐작하게 됩니다.

처음 벽돌조 부분을 지으면서 김수근은 불과 몇 년 후에 증축하게 되리라고는 생각하지 못했던 것 같습니다. 그만큼 사업이 기대 이상으로 잘되어 얼마 지나지 않아 더 넓은 공간이 필요하게 된 것이지요. 그래서인지 증축을 염두에 두고 계획적으로 디자인했더라면 생기지 않았을 애매한 해프닝 같은 부분이 더러 보입니다. 벽돌조 부분과 철근콘크리트조 부분이 맞닿는 빈틈을 자세히 살펴보면, 그 사이에 창문이 있는 것을 알 수 있어요.

설계실의 창문처럼 같은 방의 같은 요소가 다르게 표현되는 경우도 보이는데요. 벽돌조 부분의 설계실 창문은 두툼하게 여유가 있지만 콘크리트조 부분의 설계실 창문은 긴장감 있게 꽉 조여져 있지요. 동시에 지었다면 같은 설계실을 이렇게 다르게 디자인할 필요가 없었겠지요. 아마도 먼저 지은 설계실을 사용하면서 얻은 교훈을 증축할 때 반영한 결과가 아닌가 짐작합니다.

두 차례에 걸쳐 지어지면서 건물 출입구 위치도 달라졌는데요. 구관, 즉 벽돌조 부분에 붙어 있는 사선 모양의 나무판은 주 출입구로 이어지는 계단의 난간이었습니다. 이 외부 계단으로 올라가면 나오는 둥근 아치가 지금은 유리블록으로 막혀 있는데, 저곳이 애초에는 건축사사무소와 잡지사로 연결되는 입구였답니다. 외부 계단 아래로 지금은 닫힌 채로 고정된 문은 애초에는 미술관으로 연결되는 입구였고요. 증축된 후에도 상당 기간 저 두 문이 계획한 쓰임새대로 기능하고 있었을 텐데, 어느 순간부터 모든 출입구가 진입 마당의 주 출입구로 통합되고, 다른 문들은 폐쇄됩니다. 그래서 외부 계단 또한 모양만 남게 되었죠.

다소 부정적인 뉘앙스로 들렸을 수도 있겠습니다만, 그렇게 나쁜 의도로 말씀드린 것은 아닙니다. 살다 보면 계획대로 되지 않는 일이 훨씬 더 많고, 예상치 못했던 해프닝들로 골치 아플 때도 있지요. 하지만 그런 우연한 일들이 오히려 삶을 따분하지 않게, 재미있고 풍요롭게 만들어 주기도 합니다. 지금은 열리지 않는 문, 모양만 남은 계단, 같은 용도의 방에 뚫린 다른 모양의 창 역시 공간사옥의 사연 많은 역사를 담고 있다는 점에서, 건물을 더 깊게 이해하는 데 도움을 주고 있다고 생각합니다. 이런저런 건축 해프닝들이 공간사옥을 좀 더 재미있고 풍성하게 만드는 것이죠.

공간사옥은 그 이름처럼 '공간'에 진짜 묘미가 담겨 있는 건물입니다. 이제껏 설명한 내용들은 안으로 들어가야 비로소 제대로 실감할 수 있습니다. 이제 사옥 안으로 들어가겠습니다.

아늑함 속에 깃든 뜻밖의 도전 정신

현재 표를 사고 짐을 맡기는 매표소는 원래는 김수근의 아내가 관리하는 작은 카페였다고 합니다. 여러 용도로 사용되었던 공간사옥은 아라리오에 매각되면서 건물 전체가 갤러리라는 하나의 용도로 재편되는데요. 갤러리는 일방향의 동선으로 구성되어야 할 테니 건물 로비가 중간에 있는 것보다는 가장 낮은 레벨의 구석에 있어야겠지요. 그래서 용도별로 여러 개 있던 출입구가 이곳 하나로 통합되고 건물 전체의 로비가 된 것입니다. 천장이 아주 낮지요. 천장 높이가 1.9미터쯤 되는 것 같은데, 요즘은 이렇게 지을 수 없습니다. 지금 건축법으로는 천장 높이가 최소한 2.1미터는 되어야 하거든요. 사람들의 덩치가 커지고 생활 수준이 올라가면서 천장고는 계속 높아지고 있습니다. TV나 냉장고, 자동차 같은 다른 많은 상품과 마찬가지로, 많은 사람들이 공간 역시 커다란 것을 더 고급스럽다고 생각하는 것 같아요. 틀린 말은 아닙니다. 공간이 넉넉할수록 대체로 여유롭고 편하게 느껴지지요. 더 넓고 높게 만들수록 더 큰 돈이 들어간다는 점에서 매

매표소. 사진 속 의자와 테이블을 보면서,
천장 높이가 지금의 감각으로는 어색할 정도로 낮음을 짐작할 수 있다.

우 현실적인 인식이기도 합니다. 그런데 공간 고유의 강렬한 이미지를 이야기하자면, 꼭 넓고 높은 공간이 정답이 아닐 수도 있습니다. 그리고 공간에서 느껴지는 편안함 또한 반드시 높이나 넓이에 비례하는 것 같지는 않습니다. 이 매표소처럼 말이죠. 낮은 천장에 어두컴컴한 조명. 살짝 짓누르는 듯한 감각에 저절로 차분해지면서 카운터와 카운터 너머의 직원들에게 집중하게 되고, 앞으로 이어질 경험에 대해 기대를 품게 하는 것 같지 않습니까? 지금도 멋지지만 이 방이 카페였을 때는 카페에 걸맞게 고급스럽고 근사한 분위기였을 것이라 짐작합니다. 한국에서 오래 생활한 언어학자 로버트 파우저 선생님은 1980년대 초, 이곳에서 원두커피를 마셨던 일을 두고 매우 인상 깊은 추억이라 이야기합니다. 그때만 해도 서울 시내를 통틀어 원두커피를 판매하는 곳이 정말 몇 군데 되지 않았다 하는데요. 사람들 사이에서 이 카페가 얼마나 특별한 곳으로 여겨졌을지, 그리고 당시 '공간'이라는 브랜드의 오라가 얼마나 대단했을지 짐작하게 됩니다. 이제 표를 받았으니 안으로 들어가 봅시다. 복도가 매우 좁으니 조심해야 합니다.

매표소를 지나 좁은 계단을 타고 올라가면 첫 번째 전시실에 이르게 됩니다. 아라리오 측에 감사하게 생각하는 것은 공간 속 컬렉션 배치에 크게 신경을 쓴 것 같다는 점입니다. 공간사옥 시절의 방의 용도나 공간의 이미지에 어울리는 컬렉션을 진열하는 모습이 가끔 보이는데요. 그럴 때, 전시품과 전시 공간이 서로 공명하며 시너지를 일으키는 것을 목격하게 됩니다. '장소 특정적 예술' 비슷하게, '장소 특정적 전시'가 되는 것이죠. 무슨 말이냐면, 예를 들자면 이 방의 원래 용도가 차고였어요. 그 점을 염두에 두고 전시 작품을 다시 보니 왠지 다르게 느껴지지 않습니까? 공간사옥의 원래 모습을 존중하는 아라리오의 마음이 느껴지는 한편, 어쩌면 이것이 최적의 전략이라는 생각이 듭니다. 갤러리라고 하면 어떤 작가, 어떤 개념의 컬렉션이라도 무난히 전시

  북촌 건축 기행

첫 번째 전시실.

IF ALL REL
TO REACH
THIS BUILD

두 번째 전시실.

할 수 있는, 무엇이든 담아낼 수 있는 창고 같은 건물이 최적일 텐데 그런 점에서 공간사옥처럼 여러 개의 작은 방으로 나뉜 데다가 건물 안팎 구석구석이 개성적인 건물은 갤러리로 쓰기에 그리 적당하지 않지요. 하지만 개성 강한 건물 고유의 맥락에 맞추어 공간을 정돈하고 전략적으로 컬렉션을 배열한다면 오직 그 갤러리만의, 그 방 고유의 영혼을 심을 수도 있겠다고 생각합니다. 중성적인 화이트 박스 모델, 무난하고 커다란 창고 유형의 갤러리와는 다른 차별점을 창출하는 것이죠.

계단을 한 번 더 올라가면 두 번째 전시실에 도착합니다. 이곳은 아까 밖에서 "까치발을 하지 않고도 손을 뻗으면 천장에 닿는다"라고 설명했던 옛 로비입니다. 유리—로비—유리—건너편으로 관통하는 시선이 특징적인 곳이기도 하지요. 역시 극단적으로 낮은 천장 때문에 아늑한 느낌이 듭니다. 달리 생각하면 짓눌리는 듯한 묘한 긴장감이라 할 수도 있겠지요. 위아래 창틀까지 숨기면서 바닥에서 천장까지 유리로 꽉 채워 넣은 모습이 인상적입니다. 1970년대 후반이라는 시대 배경을 생각하면, 당시 사람들은 사뭇 극단적이고 도전적인 디자인으로 받아들였을 것 같습니다. 낮은 천장에 일부 옆벽들은 완전히 열려 있으니 긴장감은 높아지고, 위아래로 쥐어짜는 듯한 시선은 자연스럽게 대각선 유리벽 방향으로 향하게 됩니다. 얼핏 정적이고 폐쇄적일 것 같았던 곳에서의 인상과는 달리, 내부에는 이렇게나 개방적이고 역동적인 공간이 있었다는 사실이 놀랍습니다. 통유리로 한껏 열려 있지만 깊은 처마로 그림자가 드리워져 그렇게 들뜬 느낌은 들지 않는다는 점도 인상적입니다.

학창 시절, 저는 몇 번 공간사옥에 구경하러 온 적이 있습니다. 건물 안 깊숙이 들어갈 수는 없었지만 이곳까지는 들어올 수 있었지요. 가구와 조명이 정교하게 배열되어 독특한 느낌을 자아내는 꽉 찬 느낌의 공간이었습니다. 안내하는 직원이 낮게 드리워진 조명 아래 앉아 있었고, 바닥의 윤곽을 따라 근사한 라운지체어가 놓여 있었습니다. 대각선 방향으로 열린 통유리를 배경으로 바닥 단차와 의자·테이블 배열, 가운데 펜던트 조명이 함께 어우러져 감각적인 미장센을 만들어 내는 모습에 압도되었던 기억이 납니다. 공간사옥은 건물 전체가 방의 윤곽, 가구, 조명 등이 종합적으로 통합되어 연출된 특별한 건물이었습니다. 아라리오 측에서 매입한 후, 컬렉션을 배열하기 위해 대부분의 가구와 조명, 플라스틱 타일이나 한지 같은 일부 실내 마감이 철거되었는데요. 그때의 고유한 분위기가 많이 사라져서 아쉽습니다. 보여 드릴 것들, 이야기해 드릴 것들이 아직 많으니 계단을 타고 슬슬 위로 올라가 봅시다.

계단을 두고 드릴 이야기가 많아요. 화장실 입구처럼

계단과 계단 사이 세모 모양의 보이드. 위층으로 올라갈수록 계단은 좁아지고 보이드는 넓어진다.

계단 역시 매우 좁은데요. 위로 올라갈수록 계단 폭은 조금씩 좁아지고, 계단 사이의 허당(보이드)은 더 넓어집니다. 빛과 공간감을 위에서 아래로 전달하는 깔때기와 같은 모양새이지요. 당연히 위 계단의 아랫면이 훤히 보이는데, 이 구조체 모양에서도 어떻게 하면 조금이라도 더 가뿐하게 보일지 치열한 고민이 있었음을 짐작할 수 있습니다. 공간사옥은 대체로 폐쇄적인 건물입니다. 창문 하나하나를 매우 신중하게 뚫은 건물이지요. 그래도 필요한 곳에는 극단적으로 열려 있기도 해요. 모서리가 창틀 없이 유리만으로 이어져서, 좁은 면적이지만 모서리 방향으로는 빛과 시선이 제법 시원하게 넘나듭니다. 그런데 유리 모서리 근처에 얇은 스테인리스 원기둥이 보이는데요. 가까이 가서 보면 원기둥에 달린 팔이 한쪽으로는 계단을, 다른 한쪽으로는 창문 모서리를 잡고 있음을 알 수 있습니다. 더 살펴보면 수직 방향의 모서리 창틀만 없는 게 아니라, 수평 창틀도 없어요. 높고 좁게 뚫린 유리가 창틀도 없이 층을 넘나들며 건물 전체를 잘라낸 틈을 채우고 있어요. 층 구분 없이 넘나드는 계단의 공간적 속성에 잘 어울리는 유리창으로, 과장하자면 이 덕분에 계단 공간이 단절 없이 이어지는 빛의 기둥처럼 연출되고 있는 것이죠. 좁지만 상당히 높게 찢어진 부분을 유리로만 채워 넣어야 했기에, 스테인리스 원형 파이프 구조체가 필요했겠지요.

(위)화장실 입구, 계단 등 곳곳에서 극단적인 스케일감을 발견하게 된다.
(아래)ㄱ자로 꺾인 유리창 모서리 근처에 스테인리스 원기둥이 있다. 가까이에서 살펴보면
유리를 지탱하기 위한 구조체였음을 이해하게 된다.

오래전 학창 시절에는 구경할 만한 건물이 지금처럼 많지 않아 공간사옥은 매우 귀한 공부거리였습니다. 안으로 들어가지 못해서 잡지 속 작은 도면과 흑백 사진으로 내부 풍경을 짐작하는 식으로 나름의 공부를 했는데요. 계단 모서리에 창틀이 없어서 유리끼리 맞닿아 있다는 것은 평면도를 보면서 쉽게 알 수 있었는데, 모서리 안쪽에 그려진 작은 동그라미는 도대체 무엇인지, 어린 학생 입장에서는 이해할 수가 없었지요. 빗물 홈통을 안에 들여왔나 싶은, 말도 안 되는 추측도 했습니다. 들어와서 살펴보니 비로소 이것이 그냥 동그라미가 아니라 모서리 유리창을 지지하는 구조체였음을 알 수 있었습니다. 묵은 숙제를 해결했다는 생각에 후련해지는 한편, 얼마나 깊은 고민과 정성이 이 건물에 깃들어 있는지 새삼 실감하게 되었습니다. 사실, 지금의 시선으로 보면 그렇게 대단한 도전은 아닙니다. 원기둥에서 뻗어 나온 팔과 유리를 고정하는 부품은 플랫바(기본 납작 막대기)를 조합한 것으로, 지금의 시선으로는 아무래도 투박한 느낌이지요. 그런데 1970년대 후반이라는 배경을 헤아리면 다르게 보입니다. 목표를 향해 없었던 길을 뚫어 가며 전진하는 투지가 보여, 어쩌면 그래서 더 대단한 장면이라 생각합니다. 공간 구사옥을 두고 한국성이라는 주제를 낭만적으로 풀어낸 보수적인 건물이라 말할 수도 있겠지만, 이런 장면을 보면 그런 분석은 완전히 오판이라는 사실을 알 수 있습니다. 당시로서는 기술적인 측면에서도 꽤나 도전적인 면모를 가진 건물이었습니다. 훗날 공간 신사옥에서의 파격은 어쩌면 여기에서 이미 잉태되어 있었는지 모르는 일이지요.

맞춤 설계실이 독특한 미술관으로

계단을 타고 올라가면 넓고 높은 방이 나옵니다. 지금은 방에 어울리게 큰 그림을 걸어놓았네요. 좁은 복도와 계단, 낮은 방을 거쳐 갑자기 공간의 스케일이 커지는데, 매번 올 때마다 새삼스럽게 극적으로 느껴집니다. 한국성의 구현이라는 긍정적 선입견을 갖고 보자면, 마당에서 대청마루로 이어지는 시퀀스 등의 한국적 공간 체험을 입체적으로 해석했다고 해도 무리가 없는 장면입니다. 특히 이곳은 프리플랜Free Plan에 대비되는 라움플란Raumplan의 개념이 적용된 대표적 공간입니다. 같은 높이의 평평한 공간이 변화 없이 위아래로 반복되며 쌓이는 형식의 공간이 아닌, 다양한 높이의 여러 공간이 입체적으로 결합된 공간이라는 뜻이지요. 라움플란이라는 개념은 근대건축 초기 오스트리아 출신 건축가 아돌프 로스가 제안한 것으로, 김수근이 만든 것이 아닙니다. 하지만 라움플란이라는 개념이 김수근이 설명하는 아기자기한 공간감과 한국적 공간이라는 개념에 제법 잘 들어맞아 보이게 구현되었다는 점, 그리고 당시 신속 보급을 위한 대량 생산 위주의 분위기 속에서 다른 방향을 제시하는 공간일 수 있었다는 점에서 매우 높은 평가를 받을 만하다고 생각합니다.

　　　　좁고 길게 찢어진 창이 평범치 않아 보입니다. 같은 간격으로 배열된 창 사이 벽면이 옴폭하게 들어가 있고 거기에 맞는 크기의 그림을 걸어 놓았습니다. 갤러리로 바뀌기 전에는 이곳이 건축설계실이었습니다. 당시에는 컴퓨터를 쓰지 않는 대신, 커다란 제도대를 비스듬하게 세워 놓고 제도대에 종이를 붙이고 거기에 사람이 일일이 손으로 그렸지요. 작업하는 사람 한 명이 차지해야 하는 공간이 지금보다 훨씬 넓었고, 작업자들이 여럿 모여 일하는 공간 구조는 지금보다 훨씬 경직된 형식이었습니다. 창과 창 사이의 간격, 창들이 늘어선 패턴은 제도대의 크기와 제도대의 배열을 그대로 반영한 것입니다. 지금은 칸마다 그림이 들어가 있지만, 원래는 칸마다 제도대와 설계 사무소 직원이 들어가 있던 것이죠. 옴폭한 벽면에는 선반이 놓여 있었는데, 도면 따위를 돌돌 말아 얹어 놓기 위한 곳이었지요. 지금도 선반 고정 철물이 군데군데 남아 있습니다. 굳이 철거하지 않고 남겨 둔 선반도 있고요. 보통 미술관에서의, 맥락 없는 깨끗한 배경으로서의 하얀 벽과는 사뭇 다른 느낌입니다. 철거 후 완전히 정리되지 않은 배경에는 건물의 지난 사연이 담겨 있는데, 전시되는 작품이 그 위에 겹쳐집니다. 그렇게

창의 모양과 간격, 벽면의 선반 등이 이곳이 원래 건축설계실이었다는 사실을 넌지시 알려준다.

해서 배경과 전시품이 함께 작품이 되는 것이죠.

　　　　남아 있는 흑백 사진들을 통해 이곳이 공간사옥 설계실이었을 때의 풍경을 확인할 수 있습니다. 간격에 맞춰 커다란 제도대들이 줄지어 있고, 벽면 선반에는 돌돌 말린 커다란 도면들이 어지럽게 쌓여 있고, 군데군데 흰 와이셔츠와 넥타이 차림에 팔 토시를 끼고 열심히 일하고 있는 직원들이 보이는 풍경이지요. 조금 쓸쓸하고 폐허 같은 지금의 분위기와 사뭇 다른 느낌으로, 부글거리듯 밀도 높게 꽉 찬 모습입니다. 깔끔히 정돈된 업무 공간이라기보다는 어수선한 공방 같은데요. 요즈음의 건축사사무소와는 사뭇 다른 느낌이지요. 실제로 컴퓨터가 본격적으로 도입되기 전의 건축설계업은 노동집약적이고 공예적인 성격이 강했지요. 그래서 설계실 또한 오피스라기보다는 공방에 조금 더 가까웠습니다. 공간사옥은 공방의 성격이 더욱더 적극적으로 구현된 건물이라 할 수 있습니다. 건축가 김수근은 공간사옥을 설계하고 지으면서 이 건물이 영원히 건축설계 하는 곳으로 남아 있기를 원했던 것 같습니다. 창의 배열이나 방의 규격, 벽면 처리 및 가구 배치에서 어떤 용도로든 무난히 쓰일 수 있는 일반 공간이 아닌, 특정 상황을 염두에 둔 맞춤 공간의 성격이 강한 것을 보며 그렇게 짐작합니다. 계획된 상황과 쓰임새에 딱 들어맞게 설계된 공간을 보며 그 상황, 그 공간, 그 장소만의 영혼을 느낀다고 하면 과

장된 표현일까요? 건축에서 모더니즘은 어떤 상황, 어떤 쓰임새로도 유연하게 적용될 수 있는 공간을 추구하는 사상으로 이해될때가 많습니다. '유니버설 스페이스'라는 용어로 정리된 개념이지요. 이 장소를 보면서는 그런 방면의 모더니즘에 대항하는 건축가 김수근의 마음가짐을 짐작하게 됩니다. 또한 그 작업의 근거를 '한국성'으로 설명하는 것을 두고 지역주의를 통해 모더니즘을 돌파하려 했다고 말할 수도 있겠지요.

영혼을 느낄 수 있다느니, 모더니즘을 돌파하려 했다느니 하며 거창하게 말하긴 했는데, 사실 이렇게 특정 상황을 염두에 둔 맞춤 공간으로 만들어 놓으면 훗날 쓰임새가 달라지거나 주인이 바뀌는 경우 아무래도 문제가 생길 가능성이 높겠지요. 그래서 특히 사무 공간은 어떤 상황으로도 유연하게 쓰일 수 있게끔 융통성 있고 무난하게 디자인하는 것이 보통입니다. 그런 타성이 쌓이다 보면 무난한 디자인을 당연하게 생각하게 됩니다. 그런데 개성 넘치는 공간을 만들어 놓아도, 그 흔적이 남아 있는 채로 얼마든지 다른 용도로 알맞게 사용되는 경우도 있습니다. 운이 좋다면 여러 의도와 배경이 겹쳐 오히려 의미가 풍성해질 수도 있고요. 옛 건축설계실이 지금의 독특한 분위기의 멋진 갤러리가 된 것처럼 말이지요.

다른 한편으로는, 이곳의 창문이 영화 〈1987〉에서 나온 그 유명한 남영동 대공분실의 고문실 창문과 비슷한 모양이라는 점을 말씀드리고 싶습니다. 물론 설계 의도는 다릅니다. 공간사옥 창문이 좁고 긴 이유는 제도판 옆 벽에 도면 선반을 두는 동시에 바깥 풍경이 아닌 제도대 위 도면에 집중하게 하기 위함이었다면, 남영동 대공분실의 창문은 고문받는 사람이 고통에 못 이겨 투신자살하는 것을 막기 위함이었다 하지요. 그러고 보니 두 건물은 전벽돌을 마감재로 사용했다는 공통점도 있습니다. 특정 디자인의 건축 요소가 맥락을 달리하며 반복되는 상황은 건축의 흔한 묘미 중 하나입니다만, 공간사옥의 창문과 전벽돌이 남영동 대공분실로 이어지는 장면은 재미있다며 넘어가기엔 아무래도 마음이 편치 않습니다. 공간사옥에서 한국적 이미지 연출로 쓰였던 전벽돌이 남영동 대공분실에서는 권위와 공포의 은유가 되었습니다. 창문의 디자인이나 마감 재료의 선택에서나, 공간사옥에서의 경험이 분명히 큰 힌트가 되었을 것입니다. 건축가는 다른 사람들보다 한결 예민하고 섬세한 사람들입니다. 미의식이 유난스럽고 까다롭다는 뜻이 아니라, 특정 상황에 대한 매우 구체적인 상상을 바탕으로 이것저것 꼼꼼하게 디자인한다는 의미입니다. 매우 구체적인 상상이 담긴 대공분실의 창문에서 건축가의 섬세함을 엿보게 되는데, 이게 참 소름 돋는 일이지요. 이런 '어두운 프로젝트'는 권력층으로부터 받았던 특혜성 프로젝트에 대한 반대급부의 차원에서, 숙제처럼 처리했었어야 할 프로젝트였다고 주장할 수도 있겠습니다. 문제는 숙제를 필요 이상으로 너무 열심히 했다는 점입니다. 설계실에 관한 설명이 생각보다 길어졌네요. 슬슬 마무리하고 다음 공간으로 이동하겠습니다.

남영동 대공분실의 고문실 창문은 공간사옥의 창문과 비슷한 모양이다.

투명함을 연출하여 구사옥과 대조적으로 지어진 신사옥.

투명성이라는 보편적 주제 의식

이 방은 공간사옥의 여러 방 중에서 제가 가장 아끼는 방입니다. 넓은 창 너머로 커다란 유리 상자 모양의 공간 신사옥과 아담한 마당이 훤히 보이기 때문이지요. 공간 신사옥은 '공간'의 두 번째 대표, 건축가 장세양의 유작입니다. 1986년 공간의 첫 번째 대표 김수근이 과로로 돌연사한 후, 급하게 취임한 공간의 두 번째 대표입니다. 당시 장세양에게는 몇 가지 숙제가 있었으리라 짐작하는데요. 우선, 절대적인 디자인 정체성과 카리스마를 가진 김수근의 공백을 채워야 했습니다. 그리고 후진국을 넘어 중진국으로 돌입하기 시작한 대한민국의 건축 시장에 대응해야 했습니다. 이를 위해 한국성이라는 김수근의 화두를 뛰어넘을 만한 새로운 건축 비전을 제시해야 했습니다. 마지막으로, 양적으로 팽창한 조직을 온전히 담아낼 만한 추가적인 업무 공간을 마련해야 했습니다. 이 고민거리들을 종합하여 도출한 결과가 공간 신사옥이지요.

공간 신사옥에는 공간 구사옥를 의식하는 마음이 노골적으로 드러나 있습니다. 얼핏 비슷해 보이면서도 조목조목 극단적으로 대조되고 있습니다. 앞서 말씀드린 창덕궁과 창덕궁 관람지원센터처럼 말이죠. 일단 전체적인 덩어리의 모양과 비례감은 비슷합니다. 포털 사이트 항공사진을 보면 비슷하게 길쭉한 네모 덩어리가 간격을 두고 나란히 놓여 있는 것을 알 수 있습니다.

손가락 두 개를 펴서 살짝 벌린 것처럼 말이지요. 높이와 층수도 비슷합니다. 그런데 눈에 보이는 이미지는 극단적으로 대비됩니다. 구사옥은 무겁고, 폐쇄적이고, 어둡고, 거칠고, (손으로 벽돌을 한 장씩 쌓아 올린다는 점에서) 수공예적인 이미지입니다. 신사옥은 가볍고, 개방적이고, 밝고, 매끄럽고, (커다란 유리를 정교하게 맞대었다는 점에서) 공업적인 이미지입니다. 구사옥은 작은 방들이 미로처럼 얽혀 있고, 바닥 레벨도 복잡하게 계획되어 있습니다. 신사옥은 한 층에 하나의 방으로 이루어져 있을 정도로, 아주 단순한 공간 얼개를 보여 주고 있습니다. 그냥 형식적으로 겉모습이 달라 보이는 것이 아니라, 여러 측면에서 극단적으로 대조되고 있는 것이지요.

건축가 김수근에게 한국성이라는 주제는 한 번은 반드시 정리하고 넘어가야 하는 숙제였습니다. 공간사옥은 그 선언이었고, 앞서 말씀드렸듯 꽤 성공적으로 구현되었습니다. 건물 자체의 완성도 또한 매우 높습니다. 그때의 풍경을 찍은 흑백 사진들을 보면, 지금으로서는 쉽게 도달하기 힘들 것 같은 경지에 소름이 돋지요. 하지만 1990년대 중반 건축가 장세양의 세대로 접어들면서, 한국성의 해석과 구현은 더 이상 널리 공감받지 못한다는 것을 '공간 사람들'은 실감하기 시작했을 것입니다. (이미 김수근도 말년에 접어들면서는 현대성과 보편성에 초점을 맞춘 작업을 보여 주고 있었습니다.) 투명한 통유리는 구사옥에 변증법적인 대조를 이루기 위한 선택이기도 하지만, 더 크고 보편적인 문제의식을 품은 전략이기도 합니다. '투명한 건물을 만들고 싶다.' 문화적 배경을 뛰어넘어 세계 모든 건축가가 한 번쯤은 고민할 법한 화두입니다. 신사옥은 건축설계 분야에서의 보편적인 주제의식을 완성도 높게 구현한 건물입니다.

투명성은 신사옥이 지향하는 가장 큰 가치이자 특징입니다. 이를 두고 건축가 장세양은 <중앙일보>와의 인터뷰에서, "스승의 작품을 가릴 수 없어 유리로 지었다"라고 대답합니다. 대중이 쉽게 이해할 만한 재치 있는 설명입니다만, 구사옥과의 대조를 의도했다는 것, 그리고 한국성을 넘어서는 보편적인 문제의식에 집중했다는 것이 진실에 더 가까우리라 생각합니다. 일단, 커다란 유리판을 창틀 없이 실리콘만으로 연결해서 건물 전체를 감싸는 수법 자체가 당시로서는 꽤 파격적인 시도였습니다. 그때만 해도 우리나라에서는 아직 선례가 없었던 일인 만큼, 검토와 계획부터 실시설계, 시공에까지 이르는 모든 단계가 도전이었을 것으로 짐작합니다. 하나의 연결 부품으로 인접한 유리 네 개의 모서리를 한 번에 모아서 고정하는 수법은 공사비를 아끼기 위해 설계팀에서 꾀를 짜낸 결과입니다. 고정쇠 네 개를 하나로 묶었으니 공사비를 꽤 절감할 수 있었다고 합니다. 투명함을 최대한으로 연출하기 위한 노력은 유리와 유리 고정 부품에 대한 고민에 그치지 않았습니다. 지붕 모서리를 보면 콘크리트 판과 유리 상자 부분을 살짝 떨어뜨려 놓았음을 알 수 있습니다. 투명한 '면'을 만드는 데에 그치지 않고, 투명한 '볼륨'을 만든다는 생각으로 디자인했음을 알 수 있는 장면입니다. 유리 상자뿐 아니라 유리 상자 안에 자리 잡은 요소들 또한 평범하지 않게 디자인하였습니다. 사실상 구조체와 설비 시스템을 유리 껍데기로 둘러싸는 식으로 만든 건물이기에, 사방을 유리로 두르는 데에 그치지 않고 건물 본체의 구조를 최대한 가볍고 가늘게 지어야 정말로 투명하게 됩니다. 우선 기둥의 개수를 최소화했습니다. 북측의 계단실과 화장실을 비롯한 코어와 남측의 원형 엘리베이터(원래는 나선계단) 사이에 아무런 기둥이 없지요. 그리고 남북 구조체를 척추처럼 잇는 보가 동서 방면의 바닥 테두리로부터 살짝 떨어져 있습니다. 그래서 유리 너머로 두툼한 보 대신에 슬래브의 얇은 옆면이 보이는 것이죠. 한글 모음 'ㅠ'자 모양처럼 두 개의 보가 놓여 있고, 두 개 보 사이에 에어컨과 관련 배관이 들어갑니다. 그래서 설비 배관을 감추기 위한 천장이 없음에도 불구하고, 유리벽 바깥에서는 설비 배관이 보이지 않습니다. 살점이 모두 발라진 뼈대처럼 구조체만 앙상하게 보입니다. 투명성이라는 개념을 최대한으로 구현하기 위해 여러 방면으로 집요하게 노력했음을 알 수 있습니다. 투명성을 살린 건물을 흔히 볼 수 있지만, 이렇게 '얇고 투명한' 건물은 지금도 보

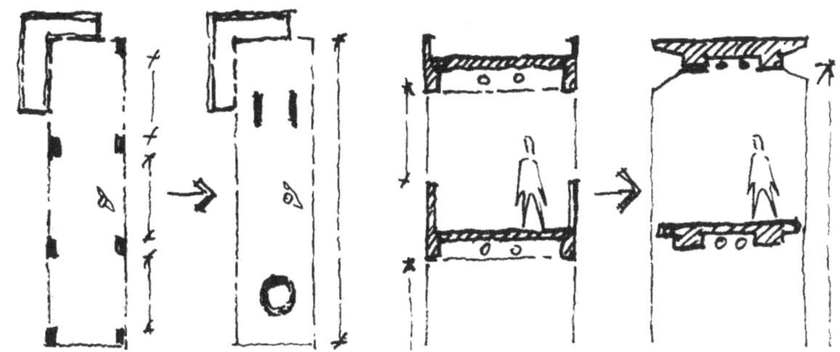

건물을 투명하게 연출하기 위해 기둥을 최소화하는 한편,
보를 바닥 테두리로부터 살짝 후퇴시키는 식으로 계획하였다.

기 힘든 것이 사실입니다. 건물 본체의 볼륨 자체가 얇으니까 훨씬 더 투명해 보이는 것이지요. 창덕궁 방면에서는 신사옥 너머로 구사옥이, 구사옥에서는 신사옥 너머로 창덕궁이 훤히 보입니다. 완공 직후 설계실로 사용되었을 때의 풍경을 찍은 사진들을 보면, 건물 자체보다는 공간의 쓰임새, 공간을 활용하는 사람들의 활동에 집중하고 있는 것을 알 수 있습니다. 창덕궁을 배경으로 투명한 공간 속 넓은 책상 위에 두툼한 모니터와 돌돌 말린 도면이 널브러진 풍경이 압도적이고, 정작 건물 그 자체의 존재감은 희미합니다. 건물의 존재감을 지우고 건물의 쓰임새나 그때그때의 상황을 전면에 내세우는 표현은 1990년대 중후반에 본격적으로 등장하는 프로그램 건축, 또는 다이어그램 건축이라는 흐름에 닿아 있다고 할 수도 있습니다.

이렇게 건물의 본체가 얇으면 투명성이 극대화된다는 장점이 있지만, 치명적인 단점도 있습니다. 대다수의 건물처럼 본체가 어느 정도 통통하면 햇볕이 들지 않는 그늘진 구석에는 냉방 부담이 그나마 조금은 줄어드는데, 이렇게 얇으면서 사방으로 투명하면 문제가 생깁니다. 극단적으로 투명하다는 점도 업무 공간으로는 그다지 적합하지 않았다고 합니다. 사방으로 느껴지는 시선에 아무래도 신경 쓰여 일에 집중하기 힘들었다 하지요. 동물원 우리 속 원숭이가 된 듯한 기분이었을지도 모릅니다.

현실적인 쓰임새보다는 개념의 구현이나 선언에 훨씬 더 큰 무게를 둔 건물임을 다시 한번 확인하게 됩니다. 돌아보면 공간 구사옥 또한 그런 건물이었지요. 건축사사무소의 설계실을 품은 건물이라기엔 지나치게 호사스럽고, 분위기는 근사하지만 정작 일하기엔 불편한 건물이었습니다. 이런 사실을 통해 읽어 내고자 하는 것은 당시 공간 사람들의 허세나 사치스러움이 아닙니다. '우리는 단순히 건축을 설계해서 돈 벌기 위해 모인 사람들이 아니다. 한국의 건축 문화를 선도하고 한국 건축의 수준을 입증하기 위해 모인 사람들이다'라는, 스스로를 규정한 정체성입니다. 그렇기에 대를 이어 이런 건물들을 만들 수 있었던 것이죠. 이곳에서 잡지도 만들고 소극장이랑 갤러리를 운영한 것도 그 연장선에서 벌어진 일들입니다. 아무튼 공간 신사옥은 지금은 아라리오 측에서 카페와 고급 레스토랑으로 쓰고 있는데, 어쩌면 이편이 창덕궁 바로 옆이라는 좋은 위치와 이 정도로 강렬한 이미지를 갖는 건물에 더 어울리는 쓰임새인 것 같습니다. 건축사사무소와는 달리 카페나 레스토랑은 이익 창출에 멋진 공간이 기여하는 바가 큽니다. 공간 자체로 이익을 창출할 수 있다면 냉난방비에 대한 부담이 적겠지요. 그리고 이렇게 멋진 장소의 멋진 건물이라면, 건축설계 하는 일부 사람들만 독점하는 것보다는 널리 개방해서 서비스 비용을 지불하는 사람들 모두가 드나들게 하는 것이 더 바람직하다고 생각할 수도 있겠지요.

마당이 완성된 순간

정작 건축가 장세양은 공간 신사옥이 완성되는 모습을 보지 못했습니다. 신사옥 설계를 한창 진행하던 중에 과로사로 갑자기 죽음을 맞이했습니다. 이어서 건축가 이상림이 세 번째 대표가 되었는데, 선배 장세양과 비슷한 종류의 부담감을 느꼈겠지요. 대표의 급작스러운 공백을 메우는 한편, 공간이라는 건축설계 조직이 여전히 건재함을 드러낼 필요가 있었습니다. 그런 문제의식에 대한 실천 중 하나로 구사옥과 신사옥 사이에 있던 한옥을 매입합니다. 그리고 한동안 자신의 집무실로 사용했다고 하지요. 지금은 보시다시피 커피숍이 되었는데요. 규모로 보자면 공간 신·구사옥에 비해 한참 작은 데다가 주목할 만한 건축 개념이나 대단한 기술적 도전이 담겨 있는 것은 아닙니다. 하지만 이 평범한 한옥에 깃든 의미는 절대 작지 않습니다. 이 한옥이 신·구사옥 사이에 끼어들면서, 비로소 '공간사옥 컴플렉스'가 제대로 완성되었기 때문입니다. 한옥은 대립되는 두 사옥 사이의 마찰을 누그러뜨리는 한편, 인접한 마당과 친밀한 몸짓으로 상호작용하고 있습니다. 신·구사옥에 비해 한결 작은 몸집은 아담한 마당에 맞물려 오히려 빛을 내고 있습니다. 덕분에 마당에 한층 생기가 돌게 되었는데, 큰 몸짓과 폐쇄적인 표정으로 마당과 긴밀한 관계를 맺기 애매한 두 사옥에게는 기대하기 힘든 역할이지요. 한옥은 구사옥의 디자인 개념을 직접적으로 드러내고 있다는 점에서도 큰 의미를 갖습니다. 한옥은 건축가 김수근이 경험했던 최초의 건축이며 그의 원형적인 건축 개념을 드러내는 건축 유형이라는 점에서, 작은 한옥이 신·구사옥 사이에 끼어 있는 구성은 제법 '말이 되는 풍경'이라 생각합니다.

이제 서울은 세계적인 대도시입니다. 규모만 큰 것이 아니라 많은 외국인이 부러워하고 궁금해하는 매력적인 도시이기도 하지요. 세계적으로 자랑할 만한 멋진 건물들도 많이 있습니다. 하지만 오랜 기간 동안 나름의 사연을 갖고 지어진 여러 건물

작은 한옥은 대립되는 두 사옥 사이의 마찰을 누그러뜨리는 한편,
인접한 마당과 친밀한 몸짓으로 상호작용하고 있다.

들이 모여 하나의 의미 있는 장소를 만들어 낸 사례는 그리 많지 않습니다. 건물들이 주위를 살피지 않고 각자의 존재를 뽐내는 풍경이 대부분이고, 먼저 지어진 근처 건물의 외관이나 개념을 염두에 두고 어떤 관계를 맺을지 고민하면서 지어진 사례는 좀처럼 보기 힘들지요. 그런 개별적인 고민이 성공적으로 종합되어 완성도 높은 장소를 만든 경우는 더더욱 드문 것 같습니다. 그래서 저는 구사옥, 신사옥, 한옥, 시간차를 두고 차곡차곡 덧씌워진 일련의 건물들이 어울려 하나의 마당을 만들고 있는 모습이 자랑스럽습니다. 이따가 공간사옥 건물을 나와서 마당으로 갈 텐데, 잠깐이라도 제 이야기를 음미하며 둘러보기를 권해 드립니다. 각자 뚜렷한 개성을 지니지만 의미적으로는 촘촘히 연결된 몇몇 건물이 함께 모여 얼핏 불협화음인 듯하지만 절묘하게 어울리는 재즈 공연이라도 펼치는 듯한 기분이, 저는 들더라고요. 마당은 사유지이지만, 입장료를 내지 않고도 들어갈 수 있다는 점에서 공적으로 열린 장소라 말할 수 있습니다.

시간을 두고 여러 건물을 차례차례 덧붙여 '하나의 장소'를 형성하는 과정은 아라리오 측에서 공간사옥을 매입한 이후에도 계속되었습니다. 신사옥의 뒤편으로, 구사옥과 같은 검은 전벽돌 마감의 키 큰 건물이 있습니다. 사실 그 건물은 신사옥이 세워지기 전, 그러니까 공간사옥이 아라리오에 매각되기 한참 전에

아라리오의 공간사옥 매입 이후에도, 건물을 덧붙여 하나의 장소를 형성하는 과정은 계속되었다.

세워진 것입니다. '볼재'라는 흰 간판이 붙어 있던 건물이었지요. 건물주는 '공간'과 아무런 상관이 없는 사람이었고, 건물 설계 또한 '공간'과 아무런 연결고리가 없는 건축사사무소에서 진행되었다고 합니다. 당연히 건물의 쓰임새도 공간사옥과는 아무런 관련이 없었지요. 단지 바로 근처에 들어선다는 이유만으로, 순전히 공간사옥을 존중하고 아끼는 마음에서, 전벽돌로 마감하는 한편 도드라지지 않는 얌전한 모양새로 디자인한 건물이었습니다. 건물주와 건축가의 마음 씀씀이가 참으로 감사한 대목이지요. 한참 뒤 공간사옥을 매입한 아라리오에서 이 건물까지 매입하고 갤러리로 리모델링합니다. 아라리오 측에서는 공간 구사옥을 '아라리오뮤지엄 인 스페이스', 새롭게 편입된 이 건물은 '아라리오갤러리 서울'이라 부르고 있습니다. 신·구사옥과 아라리오갤러리 서울, 세 건물이 맞닿는 교집합의 영역에 신사옥 구조체의 일부를 잘라내고 아라리오갤러리 서울로 연결되는 출입구를 내는 등 파격적인 도전을 통해 전체 시설이 유기적으로 맞물리게 되었습니다.

　　　아라리오갤러리 서울은, 내부 공간 구성의 측면에서는 단순한 단위 공간이 수직으로 반복되는 매우 평범한 건물입니다. 아라리오 입장에서는 개성 강한 맞춤형 갤러리로 쓰는 구사옥, 고급 레스토랑으로 쓰는 신사옥에 이어 평범한 공간의 무난한 갤러리를 더하게 되었습니다. 공간사옥이 담아내기 버거운 다양한 형식의 대형 작품들을 전시할 수 있다는 점에서, 갤러리로서 제대로 된 구색을 갖추게 되었습니다. 서울이라는 도시의 입장에서는, 공간사옥의 서사에 또 다른 층의 이야기가 섬세하게 덧붙여져, 더 깊고 풍성한 장소를 갖게 되었습니다.

하얀 간판은 여전히 당당하게

공간사옥 나들이는 계속됩니다. 계단을 타고 내려오니 하얀 벽들이 촘촘하게 세워진 모습이 보입니다. 하얀 벽은 리모델링하면서 추가된 곳으로, 천장과 벽 사이에 살짝 간격을 둔 장면에서 리모델링의 묘미를 느끼게 합니다. 원래 있던 부분과 새롭게 덧붙여진 부분을 구분해서 표현한 것이지요. 잘게 나뉜 공간마다 독립된 방처럼 꾸미고, 각각의 방 자체가 컬렉션이 되는 상황을 연출하고 있습니다. 추가로 벽을 세워 작은 방들로 쪼갠 것은 전시 공간 연출의 입장에서 꽤 효과적인 전략이었던 것 같습니다. 특히 창문에 맞추어 타이트하게 방을 만들고 방에 맞아떨어지도록 가구를 놓은 부분은 리모델링의 진면모가 드러나는 곳입니다.

지하층에는 갤러리였던 곳이 나옵니다. 공간사옥 전체에서 쓰임새가 바뀌지 않은 유일한 곳이라 할 수 있지요. 현대미술을 전시하는 갤러리는 다양한 형식의 작품들을 유연하게 품

천장과 벽 사이에 살짝 간격을 둔 모습에서 리모델링의 묘미를 느낄 수 있다.

을 수 있게끔 넓고 높은 창고의 형식을 띠는 것이 보통입니다. 미술관을 이렇게 낮고 작게 계획한 모습은 다소 낯설지요. 현대미술 작품들을 전시하기에는 매우 곤란한 건축 계획임을 직관적으로 느끼게 됩니다. 김수근은 비슷한 시기에 같은 디자인 방향과 개념으로 프랑스 파리에 세워질 어느 미술관의 국제 현상 공모전에 참여한 바 있습니다. 미술관 설계 방향에 대한 나름의 확신이 있었던 것 같아요. 그의 제안은 채택되지 않았지요. 당선작으로 뽑혀 지어진 미술관은 그 유명한 퐁피두센터로 '창고 같은 미술관'이라는 개념을 극대화한 디자인이었습니다. 현대미술의 트렌드를 따라가지 못하고 있었던 당시 한국의 상황과 그 안에서 건축가 김수근이 가질 수밖에 없었던 한계를 엿볼 수 있습니다. 공간을 쓰임새와 별개로 공간 그 자체만 두고 평가하는 것이 얼마나 유효할지에 대해서는 논란이 있을 수 있겠지만, 이곳 자체의 느낌과 분위기는 매우 인상적입니다. 적당히 낮고, 적당히 좁고, 적당히 나뉘어져 아늑합니다. 적당히 어둡고 부분적으로 밝아서 몸이 편안합니다. 얼룩진 벽돌과 거친 모르타르 줄눈, 윤이 나는 바닥에 깔린 자갈 패턴은 아늑하고 편안한 느낌을 줍니다. 밀도 높은 공간 느낌과 촉감에 호소하는 질감이라는 측면에서는 창호지와 장판지로 마감된 온돌방에서의 느낌을 연상케 합니다.

　　구사옥의 벽돌조 부분 지하에 갤러리가 있었다면, 철

지하 전시실.

근콘크리트조 부분 지하에는 소극장이 있었지요. '공간사랑'이라는 이름이었는데요. 소박한 느낌의 작은 방이지만, 1970년대 후반이라는 시대적 배경에서 대중문화에 끼친 파급력은 엄청났습니다. 그룹 투애니원 공민지의 고모할머니 공옥진 씨, 사물놀이로 유명한 김덕수 씨, 춤 공부하러 뉴욕으로 갔다가 돌아온 현대무용가 홍신자 씨 등이 이곳에서 초연을 했습니다. 이 점을 두고 건축설계를 공부하는 학생이나 건축설계 관련된 사람들이 자부심을 가졌다고 하지요. 다른 분야가 아닌 건축설계 업계의 한 조직이 한 나라의 대중문화를 선도하고 있다며 자랑스러워했다고 합니다. 설명해 드리고 있는 저 또한 덩달아 어깨가 으쓱해지는데요. 지금도 나오고 있는 월간지 《스페이스SPACE(공간)》 또한 마찬가지입니다. 건축 이외의 미술과 음악, 공연 등 다양한 장르를 다루는 잡지로, 창간 당시만 해도 문화 전반을 다루는 잡지가 따로 없었다고 합니다. 앞서 권력층과의 유착과 그 연장선상에서 만들어진 남영동 대공분실을 거론하면서 건축가 김수근의 어두운 면모를 말씀드렸습니다만, 그래도 그림자보다는 빛이 훨씬 큰 사람임은 부정할 수 없습니다. 당시 소극장 공간사랑과 《공간》의 활약상을 담담하게 말씀드리고 있지만, 건축사사무소를 운영하면서 소극장도 운영하고 잡지도 내는 것이 결코 쉬운 일이 아니었습니다. 김수근은 여러 번 경영상의 위기를 겪으면서 "내 손으로 등사판을 밀어 찍어 내서라도 잡지는 계속 내겠다”라는 그 유명한 다짐도 하게 됩니다. 내 사업 잘하고 내 건축 작품 잘 만들어 스스로 만족하고 주변에 뽐내는 것, 그 이상의 소명 의식을 갖고 어려운 현실 속에서 꾸준히 노력했다는 점에서, 후배 건축가로서 존경하지 않을 수 없습니다. 이것으로 구사옥 내부 탐방은 마무리가 되었습니다. 이제 이 문을 열고 나가면 앞서 창밖으로 내려다보았던 마당이 나옵니다.

2014년, 공간사옥은 아라리오에 매각됩니다. 흉흉한 소문은 예전부터 돌았습니다. 경영난이 심각하여 공간사옥마저 매물로 내놓았다는데, 워낙 개성 강한 건물이니 누구에게 팔리든 원형이 심각하게 훼손되거나 극단적으로는 허물어질 수도 있는 것 아니냐며 걱정하는 사람들이 많았습니다. 그러던 와중에 아라리오에서 매수하겠다고 나섰고, 다음과 같은 약속을 했다고 합니다. “공간의 브랜드 가치 그리고 공간사옥의 건축적 가치를 인정한다. 예전 공간사옥의 흔적을 완전히 지우지 않고 최대한 존중하면서 건물 전체를 갤러리로 바꿀 것이다.” 약속은 충실히 지켜지고 있는 것으로 보입니다. 방금 돌아본 것처럼, 예전 공간사옥의 공간 구성을 크게 해치지 않는 선에서 곳곳에 컬렉션을 전시하고 있는데, 아라리오 측에서 건물 자체를 컬렉션 못지않게 중요한 전시 대상으로 이해하고 있음을 곳곳에서 알아볼 수 있습니다. 공간

매각 이후에도 남아 있는 흰 간판.

사옥은 건물 자체로도 할 말이 많지만, 건축사사무소에 그치지 않고 당시 흔치 않았던 소극장과 갤러리, 《공간》 잡지 편집실을 겸한 시설이었기에 큰 의미를 갖습니다. 공간사옥 꼭대기에는 '空間 SPACE'라는 커다란 흰 글자가 보이는데요. 공간사옥 시절의 상징적인 흔적입니다. 저 글자에 담긴 의미가 결코 단순치 않다는 사실을 이제는 공감하시리라 생각합니다. 예전의 쓰임새는 모두 없애고 갤러리로 고쳐 쓰면서도 저 간판만큼은 보란 듯 남겨놓았다는 점에서 아라리오에 크게 감사하게 생각합니다.

| 공간사옥 관련 내용을 정리하면서 몇 가지 경로를 통해 많은 도움을 받았음을 밝힙니다. 우선 고려대학교 건축학과 김현섭 교수의 개괄적 설명이 큰 도움이 되었습니다. 특히 공간 신·구사옥뿐 아니라 신·구사옥 사이의 한옥까지 아우르는 '공간사옥 콤플렉스'라는 관점, 구사옥의 공간 구성을 라움플란의 유형으로 규정하는 관점에 관련된 힌트를 얻을 수 있었습니다. 아울러 단행본 《김수근 건축론》(정인하 지음, 시공문화사 발행)과 《空間社屋(공간사옥)》(김수근·장세양 지음, 시공문화사 발행)을 통해, 김수근의 일대기와 공간 신·구사옥 관련된 전반적인 내용을 확인할 수 있었습니다. 마지막으로, 공간사옥 내외부의 사진 사용을 허락해 주신 아라리오갤러리와 김수근문화재단 측에 깊은 감사의 마음을 밝힙니다.

한옥의 안팎 경계를 규정하는 몇 가지 방법들
어니언

서울시 종로구 계동길 5

앞에 보이는 큰 한옥이 그 유명한 베이커리 카페 '어니언 안국'(이하 어니언)입니다. 여러 지붕이 겹쳐 보이니 무슨 궁궐 같지요. 외국인 관광객들 사이에서 인기 높은 곳으로 출근할 때마다 일본인 관광객들이 입장을 기다리며 길게 줄 서 있는 모습을 보게 됩니다. 원래는 을사늑약에 끝까지 반대했던 한규설의 손자 한학수 선생이 살던 곳이었고, 해방 직후에는 고려민주당과 조선민족당 창당의 본거지였는데요. 오랫동안 한정식집으로 사용되었다가 2019년 창작 그룹 '패브리커'에 의해 지금의 모습으로 리모델링되었습니다. 일반적으로 북촌을 한옥마을이라 부르지만, 주를 이루는 것은 조선 시대 한옥이 아니라 '도시형 한옥'으로 불리는 일제강점기에 등장한 개량식 한옥이고, 이렇게 제대로 격식을 갖춘 한옥은 그리 많지 않습니다. 안국역 사거리 근처 계동길 초입에서 어니언은 덩치 큰 현대건설 사옥과 함께 든든한 문지기 역할

하얀 자갈 마당을 둔
한옥 카페 어니언.

을 하고 있는 듯 보입니다.

안으로 들어서면 하얀 자갈이 깔린 마당이 펼쳐집니다. 빈 곳에 개성을 불어넣는 가장 쉽고 효율적인 방법이지요. 둘러보면 마당을 둘러싸고 있는 집채들에서 유리로 이루어진 면의 위치가 모두 다르다는 사실을 알게 됩니다. 주방과 계산대가 위치한 집채는 기초, 기둥, 보, 지붕만 남겨 놓고 나머지 외벽과 바닥은 모조리 철거한 다음, 처마 끝에 유리를 세웠습니다. 유리로 나무 뼈대를 포장하듯 둘러 세웠지요. 입구를 마주하고 있는 큰 대청마루를 품은 집채는 유리가 아예 없습니다. 그 옆의 집채는 원래 창호지가 붙어 있었을 곳 언저리에 유리를 붙였습니다.

유리를 어디에 세웠는가, 즉 안과 밖의 경계를 어디로 설정했는가에 따라 건물의 이미지가 어떻게 달라지는지, 배후의 구조체는 어떻게 인지되는지, 마당과의 관계는 어떻게 달라지는지 음미해 보세요. 특히 건물의 가장 바깥 자리, 처마 끝에 유리를 세운 모습이 특이해 보이는데요. 유리는 대체로 투명해 보이지만 빛의 각도에 따라, 또는 유리 안팎의 밝기 차이에 따라 반투명하거나 불투명한 것처럼 느껴지기도 합니다. 이럴 때, 사뭇 복잡했던 한옥의 실루엣은 단번에 평평한 면으로 환원되면서 단순해지지요. 기와지붕 아래 커다란 상자가 놓여 있는 듯한 매우 낯선 느낌으로 다가옵니다. 유리 너머 구조체는 유리에 비치는 빛의 방향

　　　　　　　　　　　　　　　　　　북촌 건축 기행

처마 끝에 세운 유리 너머로 한옥의 목구조 요소들이 보인다.

에 따라 훤히 보일 때도 있고 보일락 말락 할 때도 있는데, 사실은 건물을 지탱하는 중요한 구조임에도 불구하고 마치 건물 본체와 큰 관계없이 덧붙여진 장식, 또는 진열장 속 전시품처럼 느껴지는 것 같습니다. 그래서 괜히 한두 번 더 바라보게 됩니다. 고등학생 때 겉옷에 이름표와 교표를 붙이고 다녔는데, 떼어 내어 잠시 책상 위에 놓으면 왠지 낯설게 느껴졌던 기억이 납니다. 이렇게 익숙하다고 생각하는 대상도 다른 조건과 맥락에 놓으면 사뭇 달라 보입니다. 새삼스럽게 살펴보고 관찰하게 됩니다. 그리고 익숙했던 것은 어떤 맥락 때문이었는지, 지금 낯설어 보이는 것은 무엇

때문인지 생각하게 됩니다. 어니언은 익숙하다고 생각했던 한옥을 다시 살펴보고 발견하는 기회를 줍니다.

　　　　방금 어니언 구경을 마치고 거리로 나왔습니다만, 다음 나들이 코스로 이동하기 전에 이야기하고 싶은 것이 있습니다. 어니언과 바로 붙어 길게 늘어선 한옥의 칸마다 별개의 가게들이 들어서 있는데요. 이곳은 아마도 예전 한학수 선생이 거주하던 시절, 행랑채 등으로 사용된 곳이었을 것입니다. 과거 한옥의 가로변 일부가 소규모 점포로 변용되고 있는 것이지요. 한옥을 이루는 기본 공간 단위인 '칸'의 크기가, 최소한의 가게를 꾸리기에도 큰 무리가 없나 봅니다. 시간이 흐르고 쓰임새가 달라져도 큰 틀에서의 건축 공간은 유연하게 대응하고 새로운 요구와 필요를 충족합니다. 한옥의 형식으로 가게들이 늘어선 풍경이 사뭇 낯설어 보입니다. 아시다시피 우리는 근대화, 도시화를 외세로부터 강제적으로 당해, 자력으로 도시 발전의 흐름을 이루지 못하고 서구의 도시 건축 양식을 일방적으로 이식받았는데요. 만약 한옥으로 이루어진 도시 조직 그대로 큰 단절 없이 상업 도시, 근대 도시로 발전할 수 있었다면, 이런 장면이 흔한 풍경이 되었을지도 모를 일입니다. 하지만 그렇다고 해도 고층화가 이루어지지 않았다는 점에서는 여전히 한계가 있는 모습이지요. 관련된 설명은 이어 북촌문화센터에서 말씀드리겠습니다.

　　　　　　　　　　　　　　　　　　　북촌 건축 기행

북촌 한옥마을과 한옥, 알면 보인다
북촌문화센터

서울시 종로구 계동길 37

온돌과 보편적 한옥이라는 과제

1921년에 지어진 집으로, '민재무관댁' 또는 '계동마님댁'으로 불렸다고 합니다. 지금은 서울시에서 공공 한옥으로 매입해 북촌 한옥마을 일대를 홍보하는 '북촌문화센터'로 운영하고 있습니다. 북촌 관광을 위한 베이스캠프인 셈으로 다양한 안내 책자들이 준비되어 있습니다. 마당과 집 안 곳곳에서는 때에 따라 각종 전시나 공연, 체험 행사가 다채롭게 펼쳐지지요. 누구나 빈방에 들어가 편히 쉴 수 있고, 시간 예약을 해서 친구들과의 모임 등 특정 용도로 사용할 수도 있답니다.

전시 공간에서는 북촌과 도시형 한옥, 온돌에 대해 친절하게 설명하고 있습니다. 찬찬히 들여다보면 온돌이라는 난방 장치가 생각보다 정교한 얼개로 이루어져 있음을 알게 됩니다. 온돌은 땅을 파고 돌을 쌓아 열기가 흐르는 미로 같은 통로를 만들고, 연기가 새어 나오지 않게 틈을 흙으로 빈틈없이 메워서 만드는데요. 매우 복잡하고 무거워서 당시 기술로는 2층, 3층으로 올려 설치할 수 없었다고 합니다. 그러고 보니 2, 3층짜리 한옥을 보았던 기억이 별로 없지요. 본격적인 상업 도시로 발전하기 위해서는 일정 수준 이상의 밀도 확보가 필수적입니다. 돈을 많이 벌기 위해서는 많은 사람과 자주 만나야 하는데, 이동과 만남의 효율을 높이려면 집들을 가깝게 붙여 길로 연결해야 하고, 결국엔 어쩔 수 없이 거리에 접하는 건물들을 고층으로 올려야 하지요. 조선에서 가장 번화했다는 한양의 종로 거리도 1층짜리 집들이 늘어선 풍경이었다 하는데, 상업을 억누르는 분위기에서 굳이 어려운 기술을 무리하게 시도하면서까지 밀도를 높일 필요가 없었기 때문이었을 것으로 여겨집니다. 그래도 구들이 아닌 다른 방식으로 온돌을 만들 수 있었다면, 상업을 경시하는 풍조 속에서도 어느 정도의 고층화는 이루어졌을 것이라 생각합니다.

바닥 밑에 얇은 파이프를 묻고 뜨거운 물을 통과시켜 따뜻하게 만드는 바닥 난방 방식은 1907년 영국에서 등장한 이후, 북유럽과 북미 위주로 널리 퍼지게 되었습니다. 그런데 고층 건물에서는 에어컨디셔너에 비해 시공하기에 번거롭기도 하고, 서구권에서는 바닥이 따듯해야 몸이 편하다는 인식이 그리 강하지도 않아서, 거의 모든 고층 집합 주거에서 필수적으로 바닥 난

 북촌 건축 기행

북촌문화센터는 늘 개방되어 있어, 누구나 부담 없이 들어가 정보를 얻거나 행사에 참여하거나,
아니면 그냥 멍하니 쉴 수도 있다.

방을 적용하는 모습은 우리나라 말고는 보기 드물다고 합니다. 온수 순환 방식의 바닥 난방 시스템을 발명한 것은 영국인이지만, 따듯한 바닥의 의미를 고유한 맥락으로 소화해 적극적으로 도입한 것은 한국인이라고 말할 수도 있겠습니다. 기술적인 관점에서 본다면 온수 순환 방식의 바닥 난방 시스템을 '온돌'이라 부를 수는 없습니다. 하지만 문화적인 관점에서 보자면 이야기가 달라집니다. 구들이든 온수 파이프든 전기 열선이든 상관없이 신발을 벗고 들어가 따듯하게 데워진 방바닥에 몸을 붙이고 지내는 공간이라면 온돌방이라 부를 수 있다, 아니, 온돌방으로 불러야 한다고 생각합니다. 온돌을 기술 형식이 아닌 생활 양식의 개념으로 보아야 한다는 주장이지요. 보편적 주거 양식이 한옥에서 아파트로 바뀌면서, 겉으로 보이는 한옥의 형식은 완전히 소멸되었습니다. 그래도 신발을 벗고 안에 들어가 따듯한 바닥에 앉거나 누워 지낸다는 단편적인 생활 양식만은 고스란히 남았지요. 멀쩡한 소파를 두고 바닥에 주저앉아 지낸다거나, 거실 바닥 가득 깔개를 펼쳐 놓고 뒹굴뒹굴하며 지내는 등 '온돌 스킨십'은 시간이 갈수록 오히려 더 강고해지고 있습니다. 어떤 건축 유형에서 가장 질긴 생명력을 가지는 것은 심미적이거나 상징적인 표현도 아니고, 사회 체제를 반영하는 공간 구성도 아니고, 생물학적인 차원에서 몸에 직접적으로 영향을 끼치는 설비 시스템일 수도 있겠다는 사실을 깨닫게 됩니다.

　　　　10, 20층짜리 온돌 아파트를 지은 것은 몇십 년 된 일이지만, 한옥의 형식으로 2, 3층짜리 집을 짓게 된 것은 비교적 최근의 일입니다. 인위적으로 보호해야 할 보존 대상, 또는 소수만이 누릴 수 있는 사치재에서 벗어나 현대 도시에서 보급될 수 있는 보편적 건축 유형으로 자리매김하기 위한 도전이 시작된 것이죠. 은평 한옥마을이 대표적인 사례입니다. 2층짜리 한옥들이 모여 있는 마을인데요. 예쁜 마을이지만, 저는 개인적으로 한 채 한 채 자세히 뜯어봤을 때 뭔가 미묘하게 어색하다는 느낌을 받았습니다. 단층 한옥은 천 년 넘게 수많은 사람들의 눈길과 손길을 거치며 다듬어진 양식인데, 2층짜리 한옥은 아직 그만큼의 숙성을 거치지 못했습니다. 구체적으로 말하자면 지붕, 즉 처마 길이와 본체와의 비례가 어색해 보이죠. 단층이었을 때 자연스러워 보였던 처마 길이를 그대로 2층 건물에 적용하다 보니, 본체는 껑충하고 그에 비해 지붕은 답답해 보입니다. 그런데 이 점은 심미적인 측면뿐 아니라 유지 관리의 측면에서도 문제가 된다고 하더라고요. 애초에 처마는 본체를 비바람으로부터 보호하기 위한 것이지요. 그런데 본체는 높아지고 처마 길이는 그대로다 보니, 처마 밑의 벽면이 비바람에 더 자주, 더 오래 젖게 되고 단층 한옥에서는 잘 생기지 않았던 빗물 자국이나 곰팡이가 생긴다고 합니다.

2층짜리 한옥들은 아직은 어딘가 어색해 보이는 경우가 있다.

1층의 천장 위, 2층의 바닥이 놓이는 지점에 처마 대신 얇은 덧지붕이나 툇마루 형식의 얕은 발코니를 두르는 것이 지금으로서는 현실적인 해결책입니다. 위아래로 껑충한 건물 덩어리를 적당히 나누어 비례감을 교정하는 한편, 1층의 처마 역할을 합니다. 그런데 덧지붕과 툇마루 발코니 모두 아직은 완결된 양식으로 소화하지 못하고 있어 문제가 완전히 해결된 것은 아닌 것 같습니다. 발전의 여지가 있다는 의미겠지요. 언젠가 기술적, 심미적, 경제적 측면을 모두 무난하게 충족해 널리 지어질 수 있는, 새로운 모습의 '보편적 한옥'이 등장하기를 기대합니다.

문지방을 넘나들며 살아간다는 생활 감각

온돌은 다른 문화권에서는 잘 보이지 않는, 한반도의 고유한 난방 방식이라 하지요. 로마 시대 대중목욕탕에서 온돌과 흡사한 시스템을 볼 수 있고, 시베리아 등지에서 온돌과 비슷한 시스템의 흔적을 발견할 수 있는 등 온돌이 꼭 한반도에만 존재하는 것은 아니지만, 이렇게까지 널리 쓰이는 경우는 한국이 거의 유일하다고 합니다. 온돌은 열효율과 건강의 측면에서 매우 우수한 난방 방식이라고 알려져 있습니다. 그런데 온돌방은 기술적인 측면뿐 아니라 심미적이거나 감각적인 측면으로도 매우 개성 있는 공간입니다. 겨울의 추위에 견디기 위해서는 가급적 방의 체적을 줄여 난방 부담을 줄이는 것이 유리하겠지요. 그리고 더운 공기는 위로 올라가는데, 지붕으로 새어 나가면 낭패입니다. 그래서 온돌방에서는 지붕 밑으로 평평한 반자를 둘러 천장 높이를 낮춥니다. 온돌방 바닥에는 장판을 깔고, 벽과 반자에는 한지를 바르고, 창살 안쪽과 창틀에는 창호지를 붙입니다. 결과적으로 공간을 규정하는 모든 경계면이 종이로 마감됩니다. 아마도 바깥의 찬 바람을 막기 위해서겠지요. 구축의 흔적이나 건축 요소가 은폐되면서 공간의 윤곽이 단순한 직육면체로 추상화되는 한편, 모든 표면이 일괄적으로 보송보송한 촉감의 종이로 마감되어 형성되는 공간입니다. 새삼 이렇게 살펴보니 꽤나 모던하고 미니멀하면서도 놀라울 정도로 '촉감적인' 공간이더라고요. 원형에 충실히, 정갈하게 마감된 온돌방 안에 앉아 있노라면 마치 건물 안이 아니라 어떤 커다란 동물의 뱃속에라도 들어온 것 같은 기분이 듭니다. 맨몸으로 머리끝까지 이불을 홀라당 뒤집어썼을 때의 감각이 떠오르기도 하고요. 온돌방이 유독 따스하고 아늑하게 느껴지는데는 열기를 지닌 물체에 신체 일부를 직접 접촉시키는 바닥 난방 특유의 정서, 온몸을 타이트하게 감싸는 스케일 감각과 함께 이런 '종이 마감' 연출 또한 큰 이유일 것이라 짐작합니다. 일본의 유명한 건축가 구마 겐고는 저서 《약한 건축》의 한국어판 서문에서, 한국의 장지문에 대해서 특별히 언급한 적이 있습니다. "나의 건축 스타일은 일본의 전통적인 건축보다 오히려 한국의 전통 건축에 가까울지도 모른다고 나는 자주 생각해 왔다. 일례로, 장지문의 디자인을 들 수 있다. 한국의 장지문은 나무 문살을 바깥으로 향하게 하고 종이를 안쪽에 붙였다. 그 결과 실내 전체가 하얀 종이로 뒤덮이는 듯한 부드러운 느낌이 들게 하면서, 동시에 나무 문살은 아름다운 그림자를 드리운다." 이방인이기에 오히려 익숙함으로 인한 편견 없이, 있는 그대로의 모습을 찬찬히 살펴보며 신기해할 수 있는 것이겠지요.

온돌과 함께 한옥을 이루는 또 하나의 공간이 대청마루입니다. 온돌방이 겨울의 공간이라면, 대청마루는 여름의 공간이지요. 대청마루 또한 한반도 고유의 건축 형식은 아닙니다. 덥고 습한 지역에서 널리 쓰이는 고상식高床式 건축에서 비롯되었음을 직관적으로 알아볼 수 있지요. 땅에서 올라오는 습기를 막기 위해 기둥을 세우고 나무판을 띄워 올려 바닥을 만듭니다. 열기를 위로 올려 흩뜨리기 위해 서까래 등 지붕 구조를 그대로 노출하고요. 바람이 잘 통하게끔 앞뒤로는 아예 벽이나 창을 두지 않기도 하지요. 여러모로 온돌방과 크게 대조되는 공간입니다. 온돌방과 대청마루는 칸이라는 직각 그리드를 기준으로 배열되고 조합됩니다. 칸은 사람 몸의 일반적인 크기와 한반도에서 쉽게 구할 수 있는 곧바른 목재의 길이에서 도출된 것인데요. 이런 과정이랄지 구성 원리를 새삼스럽게 하나하나 뜯어보면, 단순하고 명쾌한 규칙을 바탕으로 주어진 조건에 담백하게 대응하는 태도에 꽤나 실용적이고 시스템적인 사고가 깔려 있음을 깨닫습니다. 그리드 시스템을 바탕으로 공간을 꾸미는 것은 목구조 건축의 전통을 공유하는 동북아시아에서 공통으로 발견되는 건축 형식이지요. 하지만 한옥은 온돌과 마루라는 개성 강한 두 가지 공간 유형의 조합으로 그리드 시스템을 채운다는 점에서, 비교가 안 될 정도로 역동적이고 풍요로운 건축 형식이라 생각합니다.

　　　　이렇게 각각의 계절에 대응하는 두 가지 공간이 서로 극단적으로 대비된다는 점과 함께, 계절의 변화에 따라서 두 공간의 경계가 유연하게 변한다는 점 또한 인상적입니다. 겨울에는 경계를 단단히 하여 안팎을 단호하게 구분하고, 여름에는 문을 접고 활짝 들어 올려 마루와 온돌의 구분을 무너뜨립니다. 공간의 이미지가 달라지고, 공간을 점유하는 양태도 달라집니다. 계절과 함께 유연하게 변화하는 집 안 풍경을 상상하면, 집이라기보다는 (계절에 따라 다르게 입는) 커다란 옷 같은 이미지가 그려집니다. 더 나아가, 내 몸과 함께 공생하는 또 다른 유기체 같기도 합니다. 집을 점유하고 계절을 극복하며 살아간다기보다는 집과 함께 힘을 합하여 계절에 어울려 살아간다는 감각입니다. 한옥의 이런 감각을 두고 현대 건축이 잃어버린 낭만, 또는 신비의 영역이라 할 수도 있겠지요. 이런 낭만이나 신비를 한층 더해 주는 것이 문지방입니다. 문지방이 없으면 문짝 아래의 틈으로 찬 기운이 거침없이 들어올 테지요. 그리고 미닫이문을 밀거나 당길 때 고정 레일이 없어 문짝 아래가 휘청거릴 것입니다. 또한 문지방은 온돌의 장판과 마루, 두 이질적인 마감을 안정적으로 구분하는 재료 분리대의 역할도 하지요. 한쪽으로는 장판지, 다른 한쪽으로는 마루를 안정적으로 고정하는 기준틀이 된다는 말씀입니다. 한옥에서의 행동이나 태도에 관련된 몇 가지 규범들이 있습니다. 화기와 가까운 지점인 아랫목을 신성시하는 것이 대표적이지요. '문지방을 밟으면 복이 달아난다'는 금기 또한 그중 하나인데요. 밟고 다니다 보면

발목이 삐끗하거나 걸려 넘어질 수도 있겠지요. 반복되다 보면 닳아 없어지거나 문짝의 레일 부분이 부서질 수도 있겠고요. 이런저런 현실적인 문제들을 염두에 둔 금기겠으나, 복이 달아난다는 식의 신비의 영역으로 호소한 데에는 다른 배경이 더 있지 않을까 짐작합니다. '온돌과 마루의 경계를 넘나들 때는 마음가짐을 조심스럽게 가져라', 더 나아가 '일방적으로 사용하는 도구라기보다는 함께 삶을 꾸리는 파트너로 생각하고 집을 존중해라'라는 의미가 포함된 것은 아닐까요.

요즈음은 집과 사이좋게 지내기 위해 조심해야 할 것이 생긴다면, 외주로 처리해야 할 관리의 영역으로 치부되기 마련인 것 같습니다. 최근 지어지는 고급 주상복합 타워를 보면 침실이나 거실 모두, 바닥은 풀바디 포세린 타일, 벽은 석고보드에 친환경 페인트로 마감하는 것이 보통입니다. 간혹 거실을 마루라고 부르기도 하지만 예전 한옥에서의 기억이 남아 있는 흔적일 뿐, 침실이나 거실이나 모두 온돌방이지요. 계절이 달라진다고 침실과 거실의 경계가 달라지지도 않아요. 커튼월 외벽은 사시사철 늘 굳게 닫혀 있고, 창문을 열지 않으면 소나기 소리도 잘 들리지 않을 정도로 실내 환경을 한결같이 균일한 상태로 지켜 줍니다. 그러다 보니 침실에서나 거실에서나 여름에는 추운 듯하게, 겨울에는 더운 듯하게 지냅니다. 문짝 아래에 틈이 있다고 딱히 찬바람이 들어올

문지방에는 기술적 문제 해결 이상의 의미가 담겨 있다.

것도 아니고, 발걸음에 거추장스럽기도 할 것이니 문지방이 없습니다. 문지방이 없으니 문지방과 관련된 금기도 없지요. 문제 될 것은 없는데, 문제 될 것이 없다는 게 문제라면 문제입니다.

따스한 온돌바닥과 서늘한 마룻바닥 사이에 놓인 문지방을 조심스레 넘나드는 마음가짐. 그 마음가짐 속 깃들어 있던 것은 계절의 흐름에 맞추어 공간을 '경영'하며 지내는 감각이었을 것입니다. 그런 마음가짐을 너무 편히 포기하며 지내게 된 것은 아닌지 모르겠습니다.

CHAPTER 2

건축 여행자의 눈으로,

북촌 미술관 탐방

모던한 상자들 사이로 이질적 느낌의 옛 건물 종친부가
아무렇지도 않은 듯, 태연하게 자리 잡고 있다는 점에서
매우 '이 동네다운' 풍경이기도 합니다.

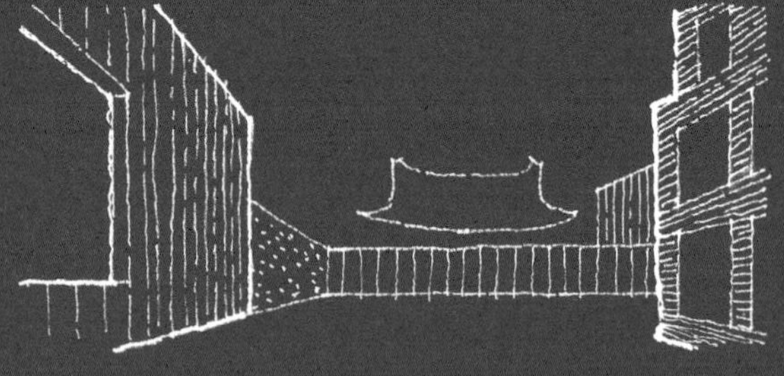

존중을 표현하는 각자의 방식
금호미술관과 갤러리현대

서울시 종로구 삼청로 18
서울시 종로구 삼청로 14

또 다른 나들이 시작은 경복궁의 동쪽 출입문인 건춘문입니다. 창덕궁 돈화문 옆처럼 약속 장소로 잡기에 좋은 곳이죠. 길 건너 어깨를 맞대고 나란히 서 있는 '금호미술관'과 '갤러리현대'를 한눈에 볼 수 있는 곳이기도 합니다. 1989년 종로구 관훈동에서 문을 연 금호미술관은 1996년, 건축가 김태수 설계로 지금의 자리에 건물을 짓고 이전합니다. 그리고 1970년 인사동에서 문을 연 갤러리현대는 지금의 자리로 이사 온 뒤, 1995년 건축가 배병길에게 리모델링 디자인을 맡깁니다. 1995년과 1996년, 비슷한 시기에 연달아 등장한 미술관 형제이지요. 관훈동과 인사동 등 번화한 곳에 있다가 좀 더 아늑하고 깊숙한 이곳 사간동으로 이사했다는 점, 미국에서 건축 교육을 받은 건축가들이 디자인했다는 점, 비슷한 규모와 크기라는 점, 당시 이런저런 건축상을 받았다는 점 등 여러 공통점이 있습니다. 시대적 배경을 살펴보면

경복궁 건춘문 건너편에 자리한 금호미술관과 갤러리현대.

1986년 과천현대미술관 개관, 1987년 민주화 운동, 1988년 올림픽, 1989년 해외여행 자유화로 이어지는 흐름 속에서 경제적 여유가 생기고 고급문화에 대한 수요와 투자가 커지는 분위기였음을 짐작할 수 있습니다. 그와 함께 청와대 인근 동네의 분위기도 조금씩 바뀌게 됩니다. 지금이야 전혀 그렇지 않지만, 1990년대 초반까지만 해도 이곳은 그렇게 유쾌하고 편한 분위기의 동네가 아니었습니다. 청와대 보안 관계로 정체불명의 아저씨들이 다짜고짜 "신분증 좀 보자, 여기는 왜 왔냐"라며 퉁명스럽게 물어보는 일이 흔했지요. 1992년 문민정부 출범을 계기로 청와대와 삼청동 일대가 개방적인 이미지로 변해, 이런 사설 미술관들이 들어올 만한 분위기가 된 것이지요. 다른 한편으로는 당시 미국 유학파 후배 건축가들이 김수근과 김중업, 두 거장의 공백을 채우며 자연스럽게 등장하는 시점이기도 합니다. 이곳에 저 두 미술관이 나란히 서 있게 된 데에는 이런 여러 배경이 있습니다.

경복궁 바로 옆에 들어서는 건물을 설계한다는 것은 건축가에게 영광이자 매우 큰 부담이었을 것입니다. 건물이 경복궁과 어떤 관계를 맺게 할 것인가, 경복궁을 향해 어떤 태도와 표정을 취할 것인가 하는 문제는 디자인의 큰 흐름을 결정하는 중요한 주제이자, 자연스럽게 건축가의 건축 철학과 작업 태도를 드러낼 귀한 기회입니다. 공통된 문제에 대해 두 건축가가 각자의 미술관을 통해 대조되는 대답을 냈다는 점이 구경하는 입장에서, 특히 후배 건축가로서 흥미로운 대목입니다.

금호미술관을 지은 김태수 건축가는 미국 동부에서 공부하고 활동하고 있는 원로 건축가입니다. 한국에서는 1986년 과천현대미술관으로 데뷔했는데요. 지금은 동네 상가 건물에도 많이 쓰이지만, 화강석을 얇게 판으로 가공한 뒤 건물 겉에 붙여 마감한 모습이 당시로서는 화젯거리였습니다. 미국에서 공부하고 활동하는 건축가 입장으로서는 모처럼 고국에 데뷔하면서, 한국성이란 무엇인가에 대한 고민이 깊었으리라 짐작합니다. 화강석은 그 대답이었겠지요. 과천현대미술관은 단정하고 정리된 조형, 주변 산세와의 어울림, 기능적이면서도 인상적인 내부 공간 구성 등으로 높이 평가받는 명작입니다. 금호미술관은 그 연장선상의 작품입니다. 한국에서 나무, 흙과 함께 가장 오랫동안, 그리고 가장 널리 사용된 건축 재료인 화강석은 경복궁 돌담을 마주하는 이 자리에 매우 잘 어울려 보입니다. 화강석 조각의 크기나 비례, 반복되는 패턴이 경복궁 돌담 사괴석과 비슷해서 더더욱 그러하지요. 길게 이어지는 돌담의 흐름을 마주하는 금호미술관은 매우 점잖고 품위 있는 모습입니다. 건물의 얼굴 대부분을 화강석으로 막아 놓았는데, 이는 창문이 필요 없는 갤러리임을 당당하게 드러내겠다는 의지와 경복궁의 묵직한 분위기에 쓸데없이 폐를

묵직하고 단단한 느낌으로 연출된 금호미술관의 모서리 기둥(아래)과
목구조의 결구를 연상케 하는 섬세한 최상층 디테일(위).

끼치지 않겠다는 결심으로 보입니다. 진중하고 과묵해 보이는 표정은 건축가가 상대적으로 유서 깊은 미국 동부에서 수학했다는 사실과도 관련이 있을 것입니다.

마감은 대체로 굵고 거친데, 부분적으로 표면을 매끄럽게 가공하는 물갈기 마감으로 미묘한 변화를 주어 면을 분할한다는 점, 모서리에 붙이는 화강석을 ㄱ 자로 가공하고 실제 두께보다 두툼한 것처럼 연출하여 묵직함을 강조한다는 점, 1층의 모서리에 큼지막한 기둥을 배치하여 단단하게 땅을 딛고 있는 듯 연출한다는 점, 그에 비해 최상층은 유리와 동판 접기 마감으로 섬세하게 짜맞춘 듯 연출해 고건축 목구조의 결구를 연상케 한다는 점 등이 흥미롭습니다. 비례는 다르지만 형식적으로 화강석 기단 위에 목구조를 올려놓은 동십자각이나 광화문과 비슷하다고 말할 수도 있습니다. 경복궁과 함께 오랫동안 자연스럽게 늙어 갈 것 같은, 점잖고 품위 있는 장손과도 같은 느낌입니다. 앞서 말씀드렸듯 정면에는 창이 없고, 대신 양옆에 살짝 튀어나와 경복궁을 비스듬히 바라보는 작은 창이 있습니다. 역시 경복궁에 대한 조심스러운 태도를 드러내는 장면이지요. 내부 공간 구성도 겉에서의 이미지와 거의 비슷합니다. 갤러리라는 기능을 충실히 수행하는 큼지막한 공간들이 점잖게, 차곡차곡 쌓이는 구성입니다. 작품들을 전시하기에는 무난하지만 공간 그 자체는 조금 심심한 느낌이지요.

갤러리현대를 지은 배병길 건축가는 미국 서부에서 공부하고 귀국하여 1990년대 중후반, 경쾌하고 재치 있는 작업을 선보였습니다. 사실 그는 갤러리현대보다 1991년에 지어진 소격동 국제갤러리로 더 유명합니다. 가벼운 철골, 튀는 원색, 삐딱한 몸짓 등 당시로서는 매우 파격적인 디자인으로, 건축가의 건축적 배경인 캘리포니아의 지역성이 자연스럽게 연상되는 건물이었지요. 청와대 인근의 분위기가 경쾌하고 밝아지기 시작했음을 알리는 신호탄과도 같은 건물이었습니다. 국제갤러리는 이후 미니멀한 느낌으로 리모델링되어, 배병길 건축가 특유의 자유분방한 스타일은 많이 사라졌습니다.

경복궁을 향해 갤러리현대는 재치 있는 표정을 하고 있습니다. 알루미늄 패널로 벽을 세우고 창을 냈는데, 자세히 보면 정사각형 창은 뻥 뚫린 구멍이고, 벽은 가벽(가면처럼 건물의 일부를 가리는 벽)입니다. 이는 건물 옆면에서 보면 잘 드러납니다. 금호갤러리가 신축 건물인 데 반해 갤러리현대는 리모델링 건물입니다. 얼굴 앞에 가벽을 세우는 수법은, 리모델링으로 새로운 이미지를 연출하고자 하는 입장에서 비교적 합리적이고 현실적인 전략이었을 것입니다. 알루미늄판도 리벳(대가리가 둥글고 두툼한 버섯 모양 굵은 못)으로 고정하는 식으로, 편한 방법을 쓰고 있습니다. 내부 공간 구성도 겉에서 보이는 이미지와 비슷하게 자유분방하고 현란한 느

경쾌하고 자유분방한 모습의 갤러리현대.

낌입니다. 위아래 층이 살짝 엇갈리고 비틀어지는 구성이지요. 전시 관람 못지않게 공간 자체를 구경하는 재미도 쏠쏠합니다.

무겁고 오돌토돌한 화강석과 가볍고 매끈한 알루미늄은 극단적으로 대조되는 느낌의 건축 재료입니다. 정면을 가릴 정도로만 가볍고 얇게 세워진 알루미늄 가벽은 바람이 한바탕 크게 불기라도 하면 훌쩍 날아가 버릴 것처럼 보입니다. 두툼하지만 표면이 반듯하지 않고 울퉁불퉁해서인지 조금 과장하자면 묵직한 벽이라기보다는 바람을 넣은 풍선 같은 느낌을 줍니다. 얄따랗고 가벼워 보이는 얼굴을 경복궁 앞에 세움으로써 역설적으로 경복궁의 무게, 위엄을 돋보이게 한다고 볼 수도 있겠습니다. 자세히 보면 알루미늄 가벽의 네모난 구멍 너머로 창문이 보입니다. 진짜 창문들은 내부 공간을 반영하여 모양이나 위치가 제각각이어서 조금 어지러운 느낌인데요. 약간의 간격을 두고 가지런히 구멍을 둔 가벽을 세워 자유분방한 내부 공간 구성과 경복궁을 염두에 둔 단정한 입면, 두 가지 조건을 모두 만족하고 있습니다. 그렇게 보니, 마냥 가벼운 표정을 짓고 있다고 생각했던 알루미늄 가벽이 사실은 나름의 격식을 갖추기 위한 가면이었음을 이해하게 됩니다. 창문은 건물 안팎을 가르는 경계면의 일부분으로, 창문을 디자인한다는 것은 내부 공간으로부터의 요구와 바깥에서 보이는 이미지 연출, 두 가지 과제를 아우르고 중재하는 중요한 작업입니다. 건물 전체 디자인의 방향을 설정하는 일이 될 수도 있지요. 갤러리현대에서 건축가 배병길은 주어진 조건에 제법 잘 들어맞는, 세련된 디자인 전략을 보여 줍니다.

금호미술관과 갤러리현대는 서로 다른 각자의 방식으로 경복궁을 존중하고 있습니다. 큰 어른 같은 경복궁 앞에 개성 강한 형제들이 나란히 무릎 꿇고 인사드리고 있는 듯한 느낌입니다. 결과적으로 두 미술관은 경복궁과 함께 의미 있는 장소를 만들고 있다고 생각합니다. 작업하는 와중에 두 건축가 사이에 교류가 있었는지는 잘 모르겠습니다. 하지만 두 사람 모두 스타일이 강한 건축가들이고 두 갤러리도 나름의 라이벌이기에, 설계 과정에서 각자의 시안을 보여 주고 상대방의 디자인에 간단하게라도 의견을 제시하는 상황이 있었을 것 같지는 않습니다. 그런데도 비슷한 덩치를 하고 있으면서 조목조목 의미 있는 대조를 이루고 있는 섬세한 풍경이 나왔다는 사실이 신기합니다. 요즘은 서울에도 널리 자랑하고 싶은, 완성도 높은 건물들이 심심치 않게 들어서고 있습니다. 하지만 주인도 배경도 다른 별개의 건물들이 모여 의미 있는 장소를 만드는 풍경은 좀처럼 보기 힘든 것이 사실입니다. 그래서 이런 풍경이 참 귀하게 느껴집니다. 두 미술관이 경복궁을 향해 나란히 서 있는 모습은 볼 때마다 기분이 좋아집니다. 두 건축가와 두 갤러리에 감사하게 됩니다.

비움, 공명, 파격을 위한 건축
국립현대미술관

서울시 종로구 삼청로 30

첫인상은 기무사와 마당으로

국립현대미술관 서울(이하 국립현대미술관)은 건축가 민현준의 작품입니다. 2010년 설계 공모전에서 당선되어 2013년에 완공된 건물입니다. 앞서 구경한 두 미술관처럼 경복궁을 바로 마주하는 곳이고, 이에 더하여 현대사의 주요 무대였던 옛 국군기무사령부(이하 기무사) 건물을 포함한다는 어려운 조건이 달린 곳입니다. 게다가 조선 시대 건물인 '종친부' 또한 영역에 포함되어 있지요. 건축가는 이렇게 많은 이야기가 복잡하게 얽힌 이 땅에 굳이 또 다른 이야기를 요란하게 덧붙이고 싶진 않았다고 말합니다. 그리고 건물보다는 마당이 도드라지는 미술관을 만들고 싶었다고 설명합니다.

삼청로 방면에서 접근할 때 가장 강렬히 눈길을 끄는 것은 옛 기무사 건물입니다. 테라코타 패널로 마감한 주변 건물들은 대체로 옛 기무사 건물을 돋보이게 하는 배경으로 인식됩니다. 그리고 건물 못지않게 건물로 둘러싸인 마당이 인상적입니다. 특히 기무사 건물 옆 마당 너머로 종친부 건물이 극적으로 나타나는 모습은 상당히 근사합니다. 정면에서 보이는 얼굴이 건물의 대표 이미지가 되는 것이 보통인데, 국립현대미술관에서는 특정 건물의 얼굴이 아닌 바로 이 장면, 건물 사이로 종친부가 보이는 전경이 대표 이미지인 것 같습니다. 모던한 상자들 사이로 이질적 느낌의 옛 건물 종친부가 아무렇지도 않은 듯, 태연하게 자리 잡고 있다는 점에서 매우 '이 동네다운' 풍경이기도 합니다. 이 장면 하나를 잘 뽑았다는 사실만으로 '건물이 아닌 마당'이라는 전략은 무난히 구현되었다고 생각합니다. 그리고 또 하나. 네모반듯한 윤곽으로 커다랗게 비워진 마당은 경복궁이나 창덕궁 등 인근 궁궐의 공간을 떠올리게 한다는 점에서 또한 이 동네에 어울리는 적절한 전략이었습니다.

이 마당은 가끔 다양한 전시와 행사 장소로 요긴하게 활용되고 있고, 지나가는 사람들의 우연한 참여를 이끌어 내는 한편 인접한 로비와도 좋은 관계를 맺는 등 잘 작동하고 있습니다. 마당에 접해 있는 벽에는 넓은 창이 있습니다. 마당 바닥에 달라붙듯 낮고 길게 뚫려 있는데, 마당으로 향하는 방향성과 상호작용의 가능성을 강조한 결과입니다. 실제로 마당 옆 로비는 마당을

다양한 건물들의 집합으로 이루어진 '국립현대미술관 서울'의 진짜 주인공은 어쩌면 마당인지도 모른다.

향해 열린 관람 공간으로도 매우 잘 기능하고 있습니다. 마당에서 인상적인 전시나 공연이 벌어지는 경우, 로비의 벤치에 앉아서 마당을 바라보며 몰입하는 사람들이 제법 많지요. 다른 전시를 보러 걸어가다 마당의 광경을 우연히 발견하고 발걸음을 멈추는 사람들도 흔히 볼 수 있습니다. 사람들은 마당을 대수롭지 않게 여기지만, 형식적인 공간이 아닌 살아 숨 쉬는 마당을 만드는 것은 쉬운 일이 아닙니다. 마당을 둘러싸는 건물에 마당과 관련된 적당한 쓰임새가 담겨야 하고, 마당에 접하는 건물은 껍데기가 적당히 열려 있어야 합니다. 그래서 마당과 건물 사이에 적당한 교집합이 생길 수 있어야 합니다. 그래야 건물과 마당이 활발히 상호작용할 수 있게 되고, 비로소 마당이 살아 숨 쉬게 됩니다.

　　　　건물 안으로 들어가기 전, 건물의 겉모습에 관한 이야기를 할까 합니다. 살짝 휘어진 테라코타 패널은 북촌 일대에서 흔히 보이는 기와지붕을 의식한 것으로 짐작됩니다. 휘어진 모양과 함께 몇 가지 색깔로 얼룩진 모습이 기와와 많이 닮아 보입니다. 사실 흙으로 모양을 낸 뒤 유약을 칠하지 않고 구워 만들었다는 점에서, 한식 기와와 테라코타 타일은 모양이나 패턴뿐 아니라 물성 자체가 매우 닮았습니다. 벽면을 이루는 타일이 휘어 있으면, 빛의 방향에 따라 섬세한 그림자가 드리워지는 한편 표면 색감도 한층 풍성해집니다. 그래서인지 제법 커다랗고 반듯한 덩

오른쪽의 옛 기무사 건물과 새로운 미술관 건물, 그 사이의 마당, 마당 너머에 자리 잡은 종친부로
국립현대미술관을 대표하는 이미지가 완성된다.

빛의 방향에 따라 테라코다 패널의 그림자가 달라지면서 외벽의 표정이 미묘하게 달라진다.

치읾에도 불구하고 비슷한 크기와 윤곽의 물류 창고나 공장과는 조금 다르게 느껴집니다. 조금은 덜 삭막하고 조금은 더 정감 있게 느껴집니다. 그리고 기와지붕과 의미상으로 연결되어서인지 이 동네와 잘 어울려 보입니다. 그런 점에서 외벽 재료 선택은 여러모로 영리한 전략이었다고 할 수 있습니다. 다만 반투명 유리와 테라코타 타일이 딱 맞아떨어지지 않게 배열되었다거나 정교하게 맞물려야 했을 부분이 더러 삐끗하게 처리되었다는 점 등이 아쉽습니다. 저쪽으로, 커다란 반투명 유리 상자가 보입니다. 건축가가 '서울박스'라고 이름 붙인 곳으로, 마당과 함께 미술관의 핵심 디자인 개념을 이루고 있는 부분입니다. 지하와 지상을 관통하며 뚫린 공간을 품은 상자인데, 낮에는 햇볕을 건물 깊숙이 받아들이고 거꾸로 밤에는 바깥을 향해 빛을 내뿜습니다. 서울박스의 정확한 실체와 역할은 안에 들어가서 확인할 수 있습니다.

건물 전체를 가장 많이 둘러싸고 있는 것은 새롭게 신축된 테라코타 패널 부분이지만 주된 진입 경로인 삼청로 방면에서 가장 눈에 잘 띄는, 그래서 주인공이라 할 만한 곳은 옛 기무사를 리모델링한 부분이지요. 옛 건물의 기억을 존중하면서 리모델링한 모습은 우리나라에서는 아직 흔하지 않아 매우 반가운 사례입니다. 허물고 다시 짓는 것보다는 고쳐 쓰는 편이 자원을 절약하고, 폐기물을 줄이고, 땅과 건물과 주변 풍경에 깃들어 있는 이야기를 이어 간다는 점에서 긍정적이죠. 이곳은 오랜 시간을 지나면서 일본군 수도육군병원에서 해방 뒤에는 국군수도병원의 전신인 수도육군병원으로, 다시 기무사로 바뀌면서 원래의 붉은 벽돌벽에 하얀 회벽이 덧대어지는 등 외관도 달라졌다고 알고 있습니다. 리모델링하면서 회벽을 긁어냈는데, 붉은 벽돌 표면에 회벽 흔적이 군데군데 희미하게 남게 되었습니다. 회벽을 깔끔하게 걷어 내었더라면, '딱 그 시절의 풍경'만을 기계적으로 재현하는 박제처럼 보였을지도 모를 일입니다. 결과적으로 보통의 옛날 붉은 벽돌이 아니라 고유한 사연이 담긴, 이 건물만의 생동감 있는 외벽이 된 것이죠. 다만 창문이 어색해 보여 아쉽습니다. 예전에는 유리가 비싸고 잘 깨져서, 유리를 잘게 나누어 촘촘한 창틀 사이에 끼우는 식으로 창문을 만들었습니다. 어쩌다 깨지더라도 딱 그 부분만 갈아 끼울 수 있게끔 말이죠. 물론 지금은 가격은 예전보다 훨씬 저렴해진 한편 강도는 훨씬 세져서 유리를 잘게 나누어 촘촘히 붙일 필요가 없습니다. 극단적으로 투명하게 연출하여 공간 안팎의 경계를 지우기 위해 유리는 최대한 넓게 하고 창틀은 최대한 날렵하게 하거나 가능하면 없애는 식으로 디자인하는 모습을 많이 보게 됩니다. 창문 디자인 차이는 근대 건축물과 현대 건축물의 이미지 차이를 만드는 결정적인 요소이기도 합니다. 그래서 요즘의 단열 기준을 만족하기 위해 현대적 창호로 갈아 끼우면서도, 예전 창틀 흉내를 내고 있지요. 창틀의 패턴과 비례는 무난히 재현할 수 있는데, 그 시절의 날렵한 창틀 모양과 느낌, 창문을 여닫는 메커니즘까지 재현하는 것이 아직은 어려운 모양입니다. 지금의 단열 기준을 충족하려면 창틀을 얇게 만드는 데에 한계가 있거든요. 특히 여닫는 부분의 창틀은 여러 부품이 무겁게 겹쳐, 공들여 재현한 옛 창틀 패턴이 무색해지는 느낌입니다. 닫혀 있을 때는 눈에 잘 띄지 않을 수도 있는데, 창문이 열려 있을 때는 도드라지게 어색해 보입니다. 오직 이 건물의 리모델링을 위해서, 옛 창틀 분위기를 충실히 재현하면서 지금의 단열 기준을 만족할 수 있는 새로운 창틀을 개발한다는 것은 쉽지 않은 일이겠지요. 하지만 가끔은 극한의 정성과 자원을 들여 모든 조건을 충족한 건축물도 있습니다. 파리 루브르 박물관 안마당에는 지하 박물관 전시실 출입구를 겸하는 유리 피라미드가 있습니다. 이오 밍 페이라는 중국계 미국 건축가의 작품이지요. 1980년대 초에 세워졌으니 40년도 더 되었습니다. 이 유리 피라미드를 세우면서 푸르스름한 기운이 돌지 않은 맑은 유리를 아예 새롭게 개발했다고 합니다. 유서 깊은 루브르 궁전 한가운데 세우는 피라미드라 투명성이 매우 중요한 개념이었거든요. 저철분 유리로 알려진, 요즘은 흔하게 사용되는 건축 자재입니다. 어느 특정 프로젝트의 디자인 개념을 구현하기 위해서 이제껏 없었던 새로운 건축 자재를 개발

한다는 것은 저로서는 꿈같은 이야기입니다. 서울의 경복궁 옆이라면 파리 루브르 박물관 못지않게 중요한 위상의 장소일 것입니다. 사실은 그래서 국립현대미술관에도 적지 않은 정성과 노력이 투입되었습니다. 테라코타 패널은 오래전에 개발되어 널리 사용되고 있는 기성 건축 자재이지만, '살짝 오목한 모양의 테라코타 패널'은 이 건물에 쓰기 위해 새롭게 개발된 제품이지요. 이례적인 정성이 들어간 건물이기에 창틀의 아쉬움이 더 크게 눈에 밟히는 것 같습니다.

워낙 중요한 자리에 있는 데다가 규모가 크고 구석구석 열심히 디자인한 건물이라 할 이야기가 많습니다. 겉을 대충 둘러보았으니 이제 안으로 들어갈까요.

마당과 기무사와 서울박스의 삼중주

국립현대미술관의 로비는 삼청로에서 옛 기무사 부분을 거쳐 들어올 수도 있고, 방금 우리가 걸어왔던 것처럼 마당에서 곧바로 들어올 수도 있습니다. 기무사에서 지하 전시실의 계단으로 이어지는 긴 복도 같은 느낌인데, 마당과의 접점을 길게 확보하면서 여러 활동과 흐름을 담아낸 결과라고 짐작합니다. 무엇보다 마당을 향해 낮고 길게 열린 창이 인상적입니다. 앞서 설명

그 시절의 창틀 분위기를 살리려고 한 옛 기무사 건물. 붉은 벽돌 표면에는
예전 회벽 흔적이 곳곳에 남아 있다.

해 드렸듯 마당과의 긴밀한 관계가 돋보이는 장면입니다. 로비에 머무르다 보면 시선은 자연스럽게 마당으로 향하는데, 창이 낮게 가라앉아 있어서 마당의 바닥에 집중하게 됩니다. 그렇게 마당 바닥을 바라보면, 문득 마당과 로비가 서로 뒤섞이며 넘나드는 듯한 느낌이 들지요. 개관 이후 지금까지 마당은 다양한 장르와 형식의 전시를 꾸준히 담아 왔는데, 무더운 여름철에는 굳이 마당에 나가지 않고 시원한 로비에서 편하게 전시를 볼 수 있어 좋았습니다. 적당한 스케일의 외부 공간이다 보니, 마당에서는 유독 체험형 설치 작품이 많았던 것으로 기억합니다. 이럴 때 낮고 길게 뚫린 유리창은 마당에서 일어나는 역동적인 상황에 성급히 몰입하지 않고 살짝 거리를 두고 관찰하는 기회를 제공합니다.

로비는 높이, 너비, 길이 등 공간의 윤곽을 결정하는 스케일과 비례가 인상적입니다. 일상에서 좀처럼 접하기 어려운 느낌의 공간이지요. 벽면과 천장에 간격을 두고 나름의 균형을 의식하며 여기저기 점을 찍듯 창을 내어 긴장을 일으키는 모습은 화가 이우환의 작품을 연상케 합니다. 워낙 아껴서 창을 뚫다 보니 천장과 벽에 하얀 면이 여유롭게 펼쳐지는데, 전등이나 화재 감지기 같은 센서류 등이 보이지 않고 흔한 플래카드나 광고판도 없이 그냥 담담하게 비어 있어 개운합니다. 특히 서울에서는 이 정도의 공간과 벽면이 그냥 비어 있다는 사실이 신기하게 느껴지기도 합

공간의 윤곽을 결정하는 스케일과 비례가 인상적인 로비.

니다. 담백하게 비워 둔 풍경이 뭔가를 잔뜩 채워 넣은 풍경보다 오히려 더 호사스럽게 느껴지기도 하지요. 천창으로 들어와 흰 면에 번지는 빛이라든가, 창을 통해 들어오는 마당의 풍경 같은 것들이 도드라질 수 있지요.

기다란 복도의 동쪽 끝으로는 옛 기무사의 외벽이, 서쪽 끝으로는 서울박스가 보입니다. 외벽의 일부가 건물 안으로 침범해서 내벽이 되는 모습입니다. 다소 직설적으로 연출되어 이해하기 쉽고 재미있게 느낄 수 있는데요. 복도처럼 긴 윤곽의 공간 양 끝에 서로 대비되는 물성의 재료를 배열하여 묘한 긴장감을 자아내고 있습니다. 위치 감각을 일깨우고 건물의 구성 내력을 풀어서 설명한다는 의미도 있습니다. 복도의 가운데에 서 있으면 마치 양 끝으로부터 각각의 오라가 뿜어져 나와 복도 가운데에서 충돌하고 있는 듯한 기분이 듭니다. 특히 기무사의 일부 외벽이 로비 내부에 진열된 모습은, 익숙한 대상을 의외의 맥락에 놓아 낯설게 연출한다는 점에서 매우 '현대 미술' 같은 풍경이기도 합니다. 이때 하얀 천장과 벽면은 전시된 기무사 벽면을 돋보이게 하는 훌륭한 배경이 되지요.

기무사 벽면의 반대편으로는 바깥에서 얼핏 보았던 서울박스의 외벽 일부가 안팎을 관통하며 놓여 있습니다. 실내에서 가까이 보니 반투명 유리 패널이 생각보다 거대했음을 알게 됩니다. 유리 패널이 바닥으로부터 뜬 상태로 마치 커다란 커튼처럼 드리워져 있는데요. 바닥은 하나로 연결되어 있지만 다른 공간으로 구분된다는 느낌이 들지요. 유리 패널 밑을 통과해서 서울박스 안으로 들어가면 서울박스의 실체를 비로소 깨닫게 됩니다. 지하와 지상을 관통하며 뚫린 커다란 공간을 품은 상자로, 로비 등의 준비 공간으로부터 본격적인 전시 공간으로 이어지는 현관 역할을 합니다. 반투명 유리 패널로 뽀얗게 들어오는 햇살은 지하층 관람객들을 위한 이정표 역할을 톡톡히 하고 있습니다. 앞서 보았던 마당이나 복도, 로비처럼 이 공간은 본질적으로 다른 공간으로 이끌어 주는 역할을 하지만, 필요한 상황이 되면 전시 공간이 되기도 합니다. 특히 높고 거대한 설치 작품 등을 매달거나 세울 때, 매우 쓸모 있는 전시 공간으로 기능합니다. 앞서 마당이 국립현대미술관의 디자인을 설명하는 주된 개념이라 이야기했는데, 서울박스는 건물 속의 입체 마당이라 말할 수도 있겠습니다. 2차원의 네모에서 3차원의 직육면체로 진화한 것이지요. 전시 작품을 품는 큰 상자로, 로비와도 연결되며 개별 전시실 입구가 살짝 보이고 뒷마당과 종친부와도 좋은 관계를 맺고 있는 등 건물 안팎으로 촘촘히, 다양하게 관계를 맺고 있습니다.

현대 미술은 갈수록 대형화되는 한편, 전통적인 개념의 회화나 조각에 머물지 않고 다양한 형식의 미디어를 활용하

로비의 서쪽 끝으로 보이는 서울박스.

로비의 동쪽 끝으로 보이는 옛 기무사의 외벽.

는 모습을 보이고 있습니다. 그에 맞춰 전시 공간은 무난한 배경의 성격을 뜻하는 화이트큐브^{white cube}라 불리는 형식의 전시 공간을 넘어, 필요할 때는 블랙박스처럼 완전히 폐쇄될 수도 있는 공간으로 진화하고 있습니다. 겉으로 보기에 화려하고 멋진 현대 미술관이 많지만, 무엇이든 담을 수 있는 밀폐된 전시 공간 그 자체는 장소의 맥락이 제거되어 개성이 희미해질 수밖에 없지요. 그래서일까요. 로비나 복도 등 본격적인 전시 기능으로부터 비교적 자유로울 수 있는 공용 공간의 일부를 고유의 정체성을 드러낼 만한 '시그니처 공간'으로 연출하는 경우가 종종 있습니다. 옛 발전소의 터빈홀을 로비로 활용하고 있는 런던 테이트모던 미술관이 대표적이지요. 테이트모던을 이야기할 때, 사람들은 산업 공간으로서의 개성이 아직도 또렷하게 남아 있는 터빈홀의 압도적인 이미지를 우선 떠올립니다. 터빈홀이라는 공간이 테이트모던을 대표하는 이미지이자 정체성인 것이지요. 터빈홀은 무엇이든 무난히 담을 수 있는 밀폐된 상자라기보다는 독자적인 개성과 영혼이 있는 특별한 공간입니다. 그래서 터빈홀에 작품이 전시된다면 보통의 전시 공간에서는 생길 일이 거의 없는, 작품과 전시 공간 사이의 간섭과 공명이 일어납니다. 예를 들어 아니시 카푸어의 작품이 터빈홀에 전시된다면, 그것은 아니시 카푸어가 아니라, '테이트모던의 아니시 카푸어'가 됩니다. 서울박스는 개성 있는 공용 공간

서울박스.

이라는 점에서, 그리고 전시 공간으로도 활용될 수 있다는 점에서 테이트모던의 터빈홀과 비슷한 의도로 만들어졌음을 짐작할 수 있습니다. 하지만 서울박스는 기무사 외벽면과 뒷마당의 종친부 등 건물 안팎의 여러 요소와 풍경을 끌어오는 방식(차경)으로 관계를 맺고 있어서 폐쇄적이고 자기완결적인 터빈홀과 차별됩니다. 서울박스가 품고 있는 종친부와 기무사의 풍경은 미술관의 고유한 개성을 넘어 서울이라는 도시의 정체성을 암시합니다. 그래서 보다 다원적인 간섭이나 공명이 생길 것으로 기대합니다. 만약 서울박스에 아니시 카푸어가 전시된다면, 그것은 '국립현대미술관의 아니시 카푸어'를 넘어서 '서울의 아니시 카푸어'가 될 것이라 주장하고 싶습니다.

미술관은 주변 동네로 녹아들어

건축 나들이 중이니 전시 관람은 생략하고, 다시 바깥으로 나가겠습니다. 지하에서는 모두 하나로 이어져 있으나 지상에서는 전시동, 교육동 등 몇 개의 건물들로 나뉘어 있고, 건물들 사이를 누비며 여유롭게 산책하거나 지나가서 건너편으로 빠져나갈 수도 있습니다. 주변으로부터 여러 갈피를 통해 스며들어가듯 연결되어 있다는 점이 국립현대미술관의 큰 미덕입니다. 동십자각 방면에서부터 걸어갈 때의 경험을 짚어 봅시다. 옛 기무사 건물은 삼청로에 바투 붙어 있어, 거리 일부를 이루고 있습니다. 거리를 걷다가 평범한 동네 건물들 중 하나에 불쑥 들어간다는 느낌이 들지요. 그렇게 곧바로 전시동에 들어가거나, 좀 더 걸어가서 마당에 들어가거나, 아니면 마당을 옆에 끼고 언덕을 올라가 종친부를 거쳐 건너편 골목으로 빠져나갈 수 있습니다. 영역의 경계나 구분이 애매합니다. 이렇게 느끼는 데에는 기무사와 종친부가 큰 역할을 하고 있습니다. 옛 기무사 건물은 분명히 국립현대미술관의 일부분이지만, 얼핏 미술관이 아닌 다른 시설, 다른 존재인 것처럼 보입니다. 삼청로에서는 거리를 이루는 오래된 동네 건물들 중 하나로 보이고, 로비에서는 전시된 거대한 예술 작품처럼 보입니다. 마찬가지로 종친부는 미술관 건너편 소격동 방면에서는 북촌에 자리 잡은 오래된 한옥으로 보이는 한편, 미술관 마당 너머로 보거나 방향을 달리해 미술관 교육동에 걸쳐서 보면 미술관에 놓인 오브제처럼 느껴집니다. 덕분에 국립현대미술관이라는 거대한 시설이 유서 깊은 북촌 한편에 부드럽게 안착할 수 있었다고 생각합니다.

국립현대미술관은 언덕에 자리 잡고 있습니다. 경복궁을 마주하는 서쪽 방면이 낮고, 북촌 일대를 품고 있는 동쪽 방면은 높지요. 그래서 높이가 가지런한 건물이 서쪽 경복궁 방면에

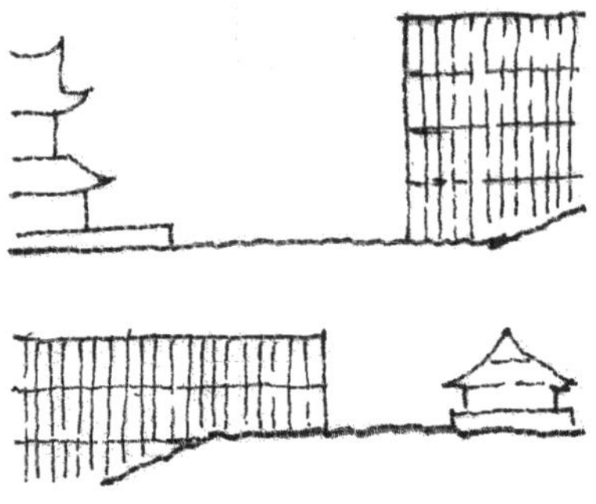

지형에 따라 경복궁 방면으로는 거대하게, 반대편 종친부에서는 아담하게 보이는 국립현대미술관.

서는 거대해 보이고 동쪽 소격동 방면에서는 상대적으로 아담한 느낌으로 모습을 드러내는데, 이 점 또한 미술관이 주변과 부드럽게 연결되고 있는 큰 이유입니다. 기무사와 교육동 사이의 마당에서는 마냥 거대해 보였던 서울박스가 동쪽 소격동 방면에서는 그다지 위압적이지 않고, 아담하고 친밀하게 느껴집니다. 주변 소격동의 건물들이나 종친부 건물들과 무리 없이 잘 어울리고 있지요. 거기에 더해 낮은 언덕과 오밀조밀한 계단으로 소격동의 좁은 골목에 연결되는 모습은 정말이지 칭찬을 아끼고 싶지 않은 장면입니다. 북촌로에 맞닿아 있는 미술도서관 부분도 그렇지요. 거대시설의 일부라는 사실이 무색할 정도로 북촌로에 늘어선 작은 건물들과 아무런 위화감 없이 잘 어울려 부드러운 풍경이 연출됩니다. 마당 또한 서쪽 경복궁 방면에 자리 잡은 마당보다 훨씬 아늑

　　　　　　　　　　　　　　　　　　　북촌 건축 기행

북촌로에 접해 있는 미술도서관의 마당. 옛 기무사 방면의 마당보다 한결 아담한 크기로, 아늑한 느낌이다.

벽면의 돌판 마감을 통해서도 국립현대미술관이 얼마나 짜임새 있게 디자인되었는지를 알 수 있다.

한 느낌을 줍니다. 따지고 보자면 동쪽 소격동 방면이나 북쪽 북촌로 방면은 국립현대미술관의 정면이 아닌 뒤통수에 가까운 곳입니다. 미술관의 대표 이미지가 되기는 어려울지라도 건축가가 배후에 놓인 북촌의 분위기를 지키기 위해 얼마나 고민했는지 짐작하게 됩니다.

마지막으로, 건물 곳곳에서 일관되게 발견되는 디자인 태도에 대해 말씀드리면서 국립현대미술관 나들이를 마무리하고자 합니다. 외관은 흔한 화강석 계열의 돌판 벽면인데도 왠지 달라 보이지요. 보통의 것보다 훨씬 가뿐하고 깔끔한 느낌입니다. 몇 가지 이유가 있습니다. 우선 돌판의 비례가 다릅니다. 보통의 비례보다 얇고 길지요. 그리고 돌판 사이 이음새 처리 방식이 다릅니다. 고무 덩어리인 코킹 따위로 채우지 않고 그대로 비워 두었지요. 오픈 조인트라는 방식인데요. 자세히 보면 돌판 사이 이음새로 그림자가 느껴집니다. 모서리에서는 빈틈을 통해 건너편 빛이 관통하기도 하지요. 얼핏 줄눈 너머로 보이는 고정 철물들이 기대하지 않았던 반짝거리는 리듬을 만들기도 합니다. 선뜻 알아차리기 힘든 장면이지만, 의식하고 바라보면 육중한 벽을 조금 경쾌해 보이게 하는 효과가 있음을 알게 됩니다. 곳곳에 이런 효과가 쌓이고 쌓여 건물 전체가 짜임새 있어 보입니다. 이 장면을 통해 배우는 것은 부품 그 자체 못지않게 단위 부품의 비례, 부품과 부품이 결합하는 방식 또한 중요하다는 사실입니다.

　　　　장식에 대한 색다른 해석 역시 반복해서 발견되는 디자인 태도입니다. 장식이라고 하면 필요 이상의 무언가를 표현하는 것이라 생각하는 것이 보통입니다. 그래서 쓸데없는 군더더기라는 부정적인 인식도 있지요. 그런데 국립현대미술관에서는 껍데기를 붙이다 말거나 부분적으로 제거하여, 보통은 속으로 가려지기 마련인 요소들을 슬쩍 드러내는 장면이 곳곳에 보입니다. 그런 모습들이 단순해서 자칫 지루할 수도 있는 커다랗고 밋밋한 건물 곳곳에 소박한 파격을 연출합니다. 붙이지 않고 오히려 덜어냄으로써 일종의 장식 효과를 내는 것이지요. 재료와 재료, 요소와 요소가 어떻게 결합해 있는지에 대한 추가적인 정보를 전달한다는 의미도 있습니다. 전시를 관람하면서 겸사겸사 건축도 배우는 것이죠. 전시된 미술 작품 못지않게, 건축 또한 구석구석 살펴보면 제법 재미있지 않느냐고 넌지시 말하는 건축가의 목소리가 들리는 것 같습니다.

붉은 벽돌 작은 마을
홍현 북촌마을안내소와 서울교육박물관

서울시 종로구 북촌로5길 48

국립현대미술관을 나와서 아트선재센터를 지나 계동 방면으로 이어지는 언덕길을 올라가다 보면, 왼편으로 붉은색 벽돌 건물들이 보입니다. 작은 건물들이 올망졸망 모여 있는 모습이 귀여워 보이지요. '홍현 북촌마을안내소'라는 곳입니다. 이곳은 건축가 윤승현, 이지선의 작품입니다. 북촌 전시실, 북촌마을안내소, 엘리베이터 및 공중화장실로 이루어져 있습니다. 언덕 위 한편으로 서울교육박물관이 보입니다. 이곳은 정독도서관, 더 정확히는 예전 경기고등학교의 부속 시설이었는데, 지금의 용도로 리모델링된 건물입니다. 각자 다른 배경으로 다른 건축가가 디자인한 건물들이지만, 가깝게 붙어 있어 하나의 풍경을 만들고 있어서 함께 묶어 이야기해 볼 만합니다. 특히 벽돌이라는 평범한 재료를 여러 방식으로 활용해 다양한 효과를 내는 모습을 한 곳에서 비교하면서 구경할 수 있는데, 이런 것이야말로 건축의 큰 즐거움 중 하나라 말씀드리고 싶습니다.

둘 중 더 오래된 서울교육박물관은 벽돌을 구조체, 즉 내력벽으로 사용하고 있습니다. 두툼한 벽돌벽 자체가 구조체이자 마감재입니다. 위에서부터 짓누르는 무게를 오직 벽돌벽만으로 지탱하려면 벽 두께가 두툼해야겠지요. 벽돌로 내력벽을 만들 때는 껍데기로 붙일 때와 쌓는 방식도 달라집니다. 두꺼운 벽을 이루는 모든 벽돌이 입체적으로 잘 맞물려야 하니 쌓는 패턴이 복잡해집니다. 벽돌 사이 줄눈 또한 요즘의 벽돌 마감 건물과 사뭇 다르지요. 손으로 일일이 도장 찍듯 살짝 볼록하게 모양을 만들었습니다. 벽 모서리, 창대석(창문 아래 받침으로 두는 판) 등 필요한 곳에 특이한 모양의 맞춤형 벽돌을 사용한 모습은 지금의 벽돌 마감 건물에서는 볼 수 없는 것으로, 벽돌 구조 건물의 묘미입니다. 벽돌만으로 구조체와 마감재를 해결하다 보니 벽돌 쌓는 것에 지금보다 더 큰 정성을 기울였던 것 같습니다. 외벽 전체를 벽돌로 만드는 와중에 창문 위 눈썹이나 창대석 같은 부분은 타일을 붙였는데요. 벽돌보다 타일이 비에 더 잘 견디기 때문이겠지요. 그리고 건물을 이루는 요소들을 얼버무리지 않고 드러내어 표현하려는 의도 또한 있었을 것입니다. 타일 역시 꺾인 모양이나 모서리 모양 등 맞춤 부품들을 쓴 것을 볼 수 있지요. 건물 한 채에 기대하는 것이 많아서 건물 한 채 짓는 일이 지금보다 더 각별한 의미였을 때

정독도서관의 옹벽 일부를 허물고 세워진 홍현. 덕분에 옹벽 건너편에 숨어 있던
서울교육박물관 또한 언덕길을 향해 얼굴을 내밀 수 있게 되었다.

구석구석 살펴보는 재미가 쏠쏠한 서울교육박물관.

의 흔적입니다.

　　바로 근처, 홍현 북촌마을안내소는 철근콘크리트로 구조체를 만들고 그 위에 마감으로 치장 벽돌(외장용 벽돌)을 붙여 지은 건물입니다. 벽돌 패턴이 훨씬 단순하고, 별다른 맞춤형 벽돌도 없습니다. 편한 기술이 생기면 성능 좋은 건물을 쉽게 얻을 수 있지만, 겉으로 드러나는 정성은 줄어드는 것 같아 새삼 아쉽습니다. 별다른 마감재 없이 벽에서 지붕까지 벽돌로 하나의 덩어리로 연출했습니다. 그리고 위로 올라갈수록 벽돌을 조금씩 안쪽으로 밀어 넣으면서 쌓았습니다. 벽돌을 마감재, 즉 껍데기로 쓰면서도 전체 건물의 윤곽은 단순한 덩어리로 표현한 점이 흥미롭습니다. 지붕에서는 별도의 마감재를 쓰지 않고 벽돌을 더 깊숙이 밀어 넣는 식으로 처리하였습니다. 유명한 모델링 게임인 마인크래프트를 보는 듯합니다. 쌓은 벽돌 위에 겹쳐서 또 쌓아 올리는 것은 가장 단순한, 어떻게 보면 매우 원초적인 방식이라 말할 수 있겠으나, 밀어 넣는 간격을 정밀하게 통제하면서 한 장 한 장의 벽돌을 추상화된 픽셀처럼 다루었다는 점에서는 매우 현대적인 활용 방식으로 볼 수도 있습니다. 아무튼 요소와 재료의 가짓수를 줄여 단순하게 연출하는 것은 현대 건축의 주된 흐름 중 하나이지

홍현 북촌마을안내소(북촌 전시실). 맞춤형 벽돌을 사용하고 복잡한 쌓기 패턴을 적용하는 등, 벽돌쌓기에 크게 정성을 기울인 서울교육박물관과는 사뭇 다른 모습을 보여 준다.

요. 창문 위 눈썹 부분을 얇은 철판으로 보일 듯 말 듯 처리한 모습
에서 그런 디자인 태도를 한 번 더 확인하게 됩니다. 서울교육박
물관에서 두툼한 타일 마감으로 눈에 잘 띄게 표현한 것과 좋은
비교가 됩니다.

　　　　몇 걸음 더 걸어가면 마지막으로 공중화장실이 나옵
니다. 이 건물 또한 철근콘크리트로 구조체를 만들고 그 위에 마
감으로 치장 벽돌을 붙이는 식으로 지었는데요. 더 나아가, 여기
에서는 각형강관(사각형 단면 모양의 철제 각파이프)으로 뼈대를 만들
고 그 뼈대에 의지해서 벽돌들을 살짝 간격을 두고 쌓아 올린 부
분도 있습니다. '영롱 쌓기'라는 기법입니다. 벽돌을 가벼운 껍데
기로 활용하고 그 사실을 표현하다 보니, 구멍이 송송 난 스크린
처럼 표현되었습니다. 자세히 보니 그냥 영롱 쌓기가 아니라, 한
쪽으로 흘러가면서 벽돌을 조금씩 엇갈리게끔 쌓았음을 알 수 있
습니다. 이런 수법은 화장실의 다른 벽면에서도 반복됩니다. 엄청
나게 정성 들여 디자인한 건물임을 곳곳에서 확인하게 되는데요.
특히 서울교육박물관과 마주하는 상부 마당에서 화장실 영역의
바닥판이 살짝 떠올라 있는 듯 연출한 장면에서는 감탄이 나옵니
다. 오래된 벽돌 언덕에 새로운 콘크리트 바닥을 살짝 포개어 올
리듯 표현하고 있는데요. 서울교육박물관 영역과 화장실 영역을
자연스럽게 구분하는 동시에 시간 순서, 즉 서울교육박물관(벽돌

영롱 쌓기 방식으로 시공한 벽.

언덕)이 만들어진 다음 화장실이 덧붙여졌음을 표현한다고 볼 수 있습니다.

전반적으로 여러 면에서 높이 평가하고 싶은, 잘 지어진 공공건축물입니다. 그래서 이렇게 여러분께 소개해 드리고 있는 것이지요. 작은 건물들이 옹기종기 모여 있는 모습은 북촌 특유의 아기자기한 규모에 잘 어울리고, 흩어져 있는 여러 건물을 강한 질감의 화장석 바닥으로 엮어 낸 모습 또한 인상적입니다.
결과적으로 길과 언덕 위 서울교육박물관 영역을 잘 연결하고 있
지요. 서울교육박물관 혼자서 '점'처럼 존재했던 붉은 벽돌 영역
이 홍현 북촌마을안내소 덕분에 두터운 맥락으로 확장되어, 거리
풍경이 정돈되고 새로운 정체성이 생겼습니다. 대체로 붉은 벽돌
로 정돈된 와중에 북촌마을 안내소의 아연 도금 강판과 엘리베이

터의 반투명 유리는 산만하다기보다는 적당한 파격으로 느껴집니다. 정성껏 디자인한 작은 건물들로 인해 좋은 거리 풍경이 연출되고 있는 보기 드문 사례입니다. 홍현은 '붉은 언덕'이라는 뜻입니다. 삼청동 일대와 가회동 사이에 솟은 언덕이지요. 홍현 북촌마을안내소 덕분에 언덕을 오르내리는 사람들의 발걸음이 많이 가벼워졌다고 생각합니다.

홍현 북촌마을안내소 공중화장실. 벽면에 풍성한 그림자 효과를 만드는 입체 벽돌 패턴, 살짝 떠오른 듯 연출한 콘크리트 바닥, 얇은 철판으로 처리한 캐노피 등 구석구석 정성이 깃들어 있다.

묵직하고도 경쾌한, 파격의 쐐기
송원아트센터

서울시 종로구 윤보선길 75

홍현 북촌마을안내소에서 북촌로 건너편으로 송원아트센터가 보입니다. 현대적인 재료와 디자인으로 파격을 연출하고 있지요. 건축가 조민석의 작품입니다. 자잘하게 접힌 표면이 인상적입니다. 컬러 강판이라 부르는, 필름을 입힌 철판을 촘촘하게 접어 벽에 붙였습니다. 자잘하게 접혀 마치 바코드처럼 보이는 표면은 건물을 추상적인 덩어리로 연출합니다. 그리고 수직선이 나열된 패턴이기에, 땅이 얼마나 기울어져 있는지를 이해할 수 있게 도와주기도 하지요. 송원아트센터가 막 지어졌던 때만 해도 이런 마감은 흔하지 않았고, 특히 고풍스러운 분위기의 이 동네에서는 더욱 큰 파격으로 받아들여졌습니다.

송원아트센터는 넓은 언덕길(북촌로5길)과 언덕 아래 작은 골목(윤보선길)이 만나는 모서리에 서 있는데, 두 길에서의 이미지가 사뭇 다릅니다. 넓은 언덕길에서는 철판 덩어리가 경사진

넓은 언덕길(북촌로5길)에서 찍은 송원아트센터. 자잘하게 접힌 컬러 강판의 질감은 북촌 거리 풍경 속에서 경쾌한 파격을 연출한다.

땅에 단단히 뿌리내리듯 고정된 듯한 모습인데, 언덕 아래 작은 골목에서는 그 철판 덩어리가 필로티 주차장 위로 둥실 떠올라 있는 듯합니다. 왼쪽 구석의 기둥은 위태로워 보일 정도로 비스듬히 서 있는데, 그림자 속에 숨어 얼핏 잘 보이지도 않습니다. 덕분에 떠오르는 듯한 이미지가 한결 실감 나게 연출되고 있는 것이겠지요. 오른쪽 구석은 아예 건물이 삼각뿔 꼭짓점에 얹혀 있는데요. 우주선처럼 둥실 떠다니다 우연히 뿔에 걸려 잠시 멈춘 듯한 모습입니다.

삼각뿔은 언덕길과 골목의 교차점에 자리 잡고 있는데, 이 부분이 송원아트센터의 핵심이라 할 수 있습니다. 삼각뿔의 한쪽 면과 삼각뿔에 맞닿는 건물의 모서리 일부가 투명하게 열려 있는데, 위아래의 이 통창들이 내부 공간을 압축하여 드러내는 일종의 만화경이라 할 수 있습니다. 시원스럽게 크게 열려 있는 것은 아니지만, 가까이 가면 의외로 건물 안 깊은 곳까지 들여다보이고 내부 공간이 어떻게 구성되어 있는지, 어떤 상황이 펼쳐지고 있는지 대충은 가늠하게 됩니다. 언덕의 경사 때문에 삼각뿔과 건물 사이에 생긴 세모난 틈새를 통해서는 교차하는 건너편 길의 풍경이 슬쩍 보이기도 하는데요. 언덕을 오르내리는 사람들과 자동차가 흘깃흘깃 보는 광경이 꽤나 재미가 있습니다.

역사성을 의식하지 않을 수 없는 북촌이라는 동네에

　　　　　　　　　　　　　　　　北촌 건축 기행

건물이 얹혀 있는 삼각뿔 모서리에 가까이 다가서면 건물 내부의 정보가 압축되어 펼쳐지는,
만화경을 들여다보는 것 같은 경험을 하게 된다.

서 폐쇄적인 표정을 짓기 쉬운 갤러리를 계획하면서, 이런 도전적인 풍경을 성취했다는 사실은 충분히 의미가 있다고 생각합니다. 근처 아트선재센터만큼 품위 있진 않고, 현대카드 디자인 라이브러리만큼 완성도가 높진 않지만, 그들과 분명히 차별되는 현대적인 감각으로 절대 밀리지 않는 존재감을 뽐내고 있습니다. 그리고 지형도 상황도 다른 두 길이 겹치는 지점에 자리 잡은 모서리 건물로서의 소임을 다하고 있습니다. 결과적으로 이 건물로 북촌의 풍경이 한결 풍성해졌다고 생각합니다.

설화수의 집과 오설록 티하우스

서울시 종로구 북촌로47
서울시 종로구 북촌로 45

한옥 쇼룸으로 이루어진 골목

지금부터 둘러볼 '북촌 설화수의 집'(이하 설화수의 집)과 '오설록 티하우스 북촌점'(이하 오설록 티하우스)은 건축가 최욱의 작품입니다. 아시다시피 설화수는 화장품 브랜드고, 오설록은 녹차 브랜드지요. 둘 다 아모레퍼시픽의 브랜드입니다. 아모레퍼시픽은 회사 건물을 지을 때, 훌륭한 건축가에게 그가 잘하는 일을 맡겨서 완성도 높은 결과를 만들어 내는 것으로 유명합니다. 건축가 최욱은, 감히 말하자면 장인匠人 같은 건축가라 말할 수 있습니다. 재료와 재료, 요소와 요소를 아름답고 정교하게 잘 조합하고 결합하여 공예품 같은 건물을 만드는 것으로 유명합니다. 꾸준히 한옥 연구를 하면서 작업에 구체적으로 반영하고 있는 것으로도 널리 알려져 있지요. 설화수의 집과 오설록 티하우스는 의뢰처 아모레퍼시픽의 안목과 건축가 최욱의 역량을 한눈에 확인할 수 있는 건

하나의 커다란 건물이 아니라 여러 채의 작은 한옥들과 골목으로 이루어진 설화수의 집.
일반적인 프리미엄 매장과는 본질적으로 다른 공간적 경험을 제공한다.

물입니다.

　　　　건물 안으로 본격적으로 들어가기 전부터 건축가 최욱의 장인다운 면모를 실감하게 되는 장면이 곳곳에 보입니다. 주차장 입구 언저리라 자동차 범퍼가 닿을 수 있는 낮은 곳은 단단한 화강석으로 마감했고, 그 위는 까칠까칠한 느낌의 종석 미장이라 부르는 마감으로 시공했는데요. 상반되는 질감의 두 마감이 얇은 금속판을 칼로 자른 듯 정교하고 단호하게 나뉘어 있는 것이 인상적입니다. 그리고 살짝 깎아 옴폭 들어간 부분이 보이는데요. 이 안에는 간접 조명이 숨어 있지요. 어두워지면 불이 탁 켜지면서 옴폭간 공간이 빛의 덩어리가 됩니다. 벽 표면을 군더더기 없이 단순하게 정리하면서, 재료가 나뉘는 경계의 일부분에 면을 꺾어 집어넣는 최소한의 조작을 하고, 쓰임새를 부여했습니다. 단순한 조형으로 표면을 정리하면서 재료나 요소 사이의 간격을 살짝 벌리거나 접어서 변화를 만드는 수법을 이 건물 여기저기에 조금씩 변주하면서 반복하고 있습니다. 그렇게 생긴 변화는 간접 조명의 빛 상자가 되기도 하고, 빗물이 지나는 통로가 되기도 하고, 무거운 덩어리를 가뿐하게 연출하는 조형 요소가 되기도 합니다. 더불어 요소의 연결부를 마치 테트리스처럼 맞물리듯 연출하는 모습 또한 인상적입니다. 화강석 통석을 쌓아 올려 만든 석축은 흔히 볼 수 있지만, 모서리에서 덩어리들이 서로 맞물리듯 붙여 놓

간접 조명의 빛 상자, 빗물이 지나는 통로,
테트리스처럼 맞물려 놓은 석축 등의 요소에서
건축가의 장인다운 면모를 엿볼 수 있다.

은 모습은 예사롭지 않은 장면입니다. 시각적으로 좀 더 야무지고 탄탄하게 느껴지지만, 느낌만으로 그치는 것이 아닙니다. 이렇게 맞물려 놓으면 모서리 어느 한쪽이 살짝 주저앉아도 틈이 잘 벌어지지 않습니다. 기술적인 이유에서 비롯된 수법으로, 적극적인 디자인 모티브로 삼아서 계산대나 진열대 같은 가구의 디자인에 이르기까지 반복해서 쓰고 있습니다. 결과적으로 건물 전체의 디자인이 일관성 있게 정리되는 것이죠.

북촌로를 따라 펼쳐진 길과 건물의 경계를 여기저기 기웃거려 보았습니다. 길을 따라 걸어가며 찬찬히 살펴보니 건물 본체는 잘 보이지 않고, 작은 골목으로 스며들어 가듯 설화수의 집 안쪽으로 들어가게 되어 있음을 깨닫게 됩니다. 얇은 유리문을 열고 단번에 속으로 들어가는 보통의 건물에서와는 다른 경험이지요. 계단을 올라오니 또 다른 길로 이어지는 것을 알 수 있습니다. 낮은 한옥들 사이로 아늑한 길이 이어지는 모습은 전형적인 북촌의 풍경입니다. 바깥 거리에서 주저하지 않고 올라올 수 있게 되어 있다는 점에서 모양만 골목이 아니라 '살아 있는' 골목이라 할 수 있습니다. 여러 채의 작은 한옥이 느슨하게 늘어서며 아기자기한 풍경을 만들고 있는데, 이 한옥들은 무언가를 흉내 내어 새로 지은 것이 아니라 원래 있던 집들을 리모델링한 것입니다. 각각의 건물은 예전에는 분식집이나 문방구 등 평범한 가게였다고 하는데요. 이 한옥들을 아모레퍼시픽이 모두 매입하여 흩어져 있던 마당을 열고 골목에 연결하여 지금의 풍경을 만든 것이죠.

가게나 살림집으로 오랫동안 사용하는 동안, 각각의 한옥에는 여러 마감과 요소가 덕지덕지 붙게 되었을 것입니다. 그때그때 당장의 필요에 따라 어설프게 확장한 공간도 있었을 테고요. 건축가 최욱은 온갖 번잡스러운 것들을 조심스럽게 걷어 내는 것으로 작업을 시작했으리라 짐작합니다. 걷어 내고 또 걷어 내어 기초, 기둥과 보, 서까래, 대들보 등의 구조체 그리고 일부 벽체와 기와지붕 등 마침내 한옥의 원형이 모습을 드러냈겠지요. 그렇게 발굴하듯 찾아낸 원형 위에 유리와 황동 철물 등 꼭 필요한 요소를 딱 필요한 만큼만 덧대어, 각각의 집채를 작은 쇼룸과 커다란 쇼케이스로 만들었습니다. 그 결과 다른 평범한 상업 시설과는 체험의 양상과 경험의 질이 다른, 분산형 또는 군도群島 형식의 상업 공간이 되었지요. 원형을 환원한 한옥들이 골목으로 연결되어 있는 모습은 익숙하면서도 낯설어 보입니다. 한옥을 더 깊게 이해하는 한편, 골목이라는 공간 형식에 깃든 가능성을 새삼스럽게 상상하게 합니다. 사람들은 골목을 거닐면서 쇼윈도 속의 상품을 다양한 각도에서, 마치 우연히 발견하는 것처럼 접하게 됩니다. 아직 설화수의 집 안으로 들어오지 않은 상태에서 한옥 쇼룸들 사이로 골목을 거니는 사람들을 목격할 때도 있는데, 그때는 그 사람들이

화장품과 만나는 내밀한 경험은 한옥 쇼룸이라는 프레임에 담겨 바깥 골목으로 전시된다.

한옥 쇼룸과 함께 골목 풍경의 일부가 되기도 하지요. 골목이 비로소 완성되는 순간입니다.

어떤 한옥 쇼룸에서는 손님이 문을 열고 들어가서 진열된 화장품을 시험 삼아 사용해 볼 수도 있는데, 이때 한옥 화장품 쇼룸의 진가가 드러납니다. 서너 명 정도가 들어가면 꽉 찬 느낌이 들 정도로 좁은 공간이라 직원도 없고 작은 진열대 위에 제품이 덩그러니 놓여 있을 뿐입니다. 화장품은 피부에 접촉되는 것을 넘어 몸 속에 흡수되는, 어떻게 보면 매우 개인적이고 내밀한 성격의 제품인데요. 화장품과 오붓한 분위기의 한옥 쇼룸은 합이 제법 잘 맞는 것 같습니다. 들어가서 문을 닫으면 골목 풍경은 끊임없이 새어 들어오지만 소리와 공기의 흐름 같은 골목의 분위기는 차단됩니다. 장소의 의미는 유지되는 가운데 청각은 필터링되면서, 촉감이나 후각 등 화장품을 사용하는 데 필요한 감각은 증폭됩니다. 그리고 화장품과 나의 지극히 개인적인 만남이 이루어집니다. 문득 제품을 살펴보고 발라 보고 반응하는 나의 모습까지 한옥 쇼룸이라는 프레임에 담겨 골목으로 진열된다는 사실을 깨닫게 됩니다. 지극히 개인적인 행동이 공공을 향한 전시로 순간적으로 전환되거나 확장되는 것입니다. 화장품을 시험 삼아 써 본다는 평범한 행태가 이렇게까지 고급스럽게 연출될 수 있다니 놀라운 일입니다. 설화수의 집 한옥 쇼룸은 상업 공간의 새로운 형식을 제안하고 참신한 경험을 제공한다는 점에서 분명히 의미 있는 건물입니다.

자동차든 패션이든 화장품이든, 어떤 프리미엄 브랜드의 대표 매장, 즉 플래그십 스토어는 주변 맥락이나 지역성에 의지하지 않고 자체적으로 완결되는 방식으로 디자인하는 것이 보통입니다. '그곳에 위치하기에 의미 있는 건물'이라기보다는 '어디 놓아도 예쁜 건물'일 때가 많습니다. 번쩍거리는 트로피처럼 말이지요. 브랜드의 정체성을 일관되게 전개하는 와중에 개별적인 맥락이나 해당 지역성과의 어색한 충돌을 감수하거나 의도적으로 유도하기도 합니다. 그와 다르게 북촌 설화수의 집은 북촌이라는 동네의 지역성으로부터 비롯된 디자인이라는 점에서 의미가 남다르고 빛이 납니다. 동네와 건축이 모처럼 함께 어울려 시너지를 만드는 모습이 흐뭇합니다.

골목을 거닐다 보면 정성껏 디자인하고 열심히 만든 모습을 구석구석 많이도 목격하게 됩니다. 한옥 쇼룸 공간 사이에는 잘 꾸며진 작은 정원들이 곳곳에 자리 잡고 있는데, 살짝 간격을 두어 빗물이 자연스럽게 흘러 들어가거나 다시 나가게 처리한 장면 또한 인상적입니다. 골목에서 다음 골목으로 이어지는 곳에서 낮은 단차를 만들고 바닥 패턴에 미묘한 변화를 만들어 체험을 섬세하게 연출하는 모습에서 디자인의 집중력과 지구력을 실감합니다. 큰 획에서의 공간 구성과 새로운 경험도 인상적이지만, 곳곳에 펼쳐진 소박하면서 정교한 디테일을 살펴보는 재미 또한 쏠쏠합니다.

북촌이라는 브랜드와 프리미엄 매장의 행복한 만남

느슨하게 흩어진 한옥 쇼룸을 구경하며 거닐다 보면 안쪽에 자리 잡은 또 다른 골목으로 넘어가게 됩니다. 다소 소란스러웠던 북촌로에서 조금씩 멀어지면서 분위기는 차분해지고, 가벼웠던 걸음걸이는 조금씩 조심스러워집니다. 골목이 얼마나 깊은지, 그리고 얼마나 섬세한 조직을 이루고 있는지 뒤를 돌아보니 문득 실감하게 됩니다. 어느새 길은 끝나고 커다란 양옥 앞에 도착해 설화수의 집 지하 매장으로 들어갑니다. 기단이나 계단, 바닥 등 건축 요소에서 확인했던 디자인 태도가 문짝이나 걸레받이, 간접 조명 등의 인테리어 요소는 물론이고 진열 선반이나 카운터 등의 가구에 이르기까지 섬세하게 이어지는 풍경을 마주합니다. 다른 카테고리에 속하는 여러 요소가 일관된 흐름으로 느슨하면서도 짜임새 있게 구성되어 있는데, 기분 좋은 긴장감과 함께 공간을 점유하는 내가 왠지 존중받는 듯한 느낌이 듭니다. 잘 디자인된 공간의 힘을 새삼 실감하는 한편, 이런 공간 안에 불쑥 들어와 내키는 만큼 머무를 수 있다는 것만으로 매우 호사스럽고 감사한 일이라는 생각도 듭니다.

양옥의 지하는 설화수의 매장이자 양옥의 지상, 즉 오설록 티하우스로 연결되는 길목이기도 합니다. 계단과 함께 일부 바닥이 반 층 정도 높아집니다. 바닥이 높아지니 난간이 세워졌습니다. 난간은 안전을 확보하고 영역을 구분하기 위해 세우는 것이 보통인데, 때로는 공간의 분위기를 적극적으로 표현하는 수단이 되기도 합니다. 보기 드물게 한껏 멋을 낸 난간입니다. 진열장 등 가구들과 일부 천장 마감도 고풍스러운 난간에 맞춘 스타일이고, 그런 디자인 톤의 연장으로 바닥에는 손맛이 느껴지는 자잘한 타일을 깔았습니다. 발걸음은 지형이 높아지는 방향으로 계속 이어지고 눈앞에 그다음 반 층 위, 지상의 오설록 티하우스로 연결되는 계단이 모습을 보입니다. 지금의 영역을 아우르는 앤티크 스타일의 난간 그리고 올라가는 계단에 붙은 모던한 유리 난간, 두 가지 스타일의 난간이 겹쳐 보이는데요. 유리 난간은 앞으로 나타날 계단 위 공간의 스타일을 미리 암시하는 것이지요. 대비되는 스타일의 두 난간을 포개어 놓음으로써 바로 이 지점에서 공간 스타일이 변화함을 드러냅니다. 의식하지 않고 지나칠 수도 있고, 이렇게 설명해도 심드렁하게 넘어갈 수도 있겠지요. 하지만 저는 이런 장면에서 울컥한답니다. 스타일의 흐름과 공간 형식이 모처럼 결

지하층의 고풍스러운 나무 난간과 지상층의 모던한 유리 난간을 겹쳐 놓음으로써,
바로 이 지점에서 공간 연출 스타일이 변화하고 있음을 표현한다.

1층 양옥 단독 주택의 천장 처리. 앞서 한옥 쇼룸에서 보았던 디자인 태도가
일관되게 적용되어 있음을 확인할 수 있다.

을 함께하며 명쾌하게 드러나는 장면 앞에서 어떤 안도감이나 후
련함을 느끼기 때문입니다.

　북촌로와 한옥 골목에서 보면 2층, 길보다 높은 곳에
마당을 둔 주택에서 보면 1층처럼 느껴지는 곳에 도달했습니다.
오래된 양옥 단독 주택을 리모델링한 곳인데요. 골조가 고스란히
노출된 천장을 보며, 이곳 역시 온갖 덧씌워진 것들을 조심스럽게
걷어 냈으리라고 짐작하게 됩니다. 앞서 살펴본 한옥 쇼룸처럼 말
이지요. 아무튼 그 결과, 어디까지가 원래 있었던 부분이고 어디
서부터가 이번에 덧붙여진 부분인지를 직관적으로 읽어 낼 수 있

　　　　　　　　　　　　　　　　　　　　　

게 되었습니다. 건물의 역사 그 자체를 표현의 수단으로 삼았다고 말할 수 있습니다. 이제껏 목격한 특유의 디자인 태도를 여기서도 발견합니다. 테두리를 접고 뾰족하게 날을 세워서 각도에 따라 때로는 볼륨을 면인 것처럼, 때로는 면을 선인 것처럼 보이게 해 놓았습니다. 기존 콘크리트 천장 면과 새롭게 덧붙여진 마감 요소 사이의 구분을 도드라지게 하려는 의도가 실려 있어 단지 '감각적인 조형'을 위한 것은 아니라 생각합니다.

본격적으로 오설록 티하우스를 둘러보기 전에 잠시 마당을 둘러볼까요? 여유롭게 북촌로와 한옥을 내려다볼 수 있는 곳이지요. 방금 우리가 어떤 경로와 체험을 통해서 이곳까지 이르게 되었는지 한눈에 돌아볼 수 있습니다. 안전을 위해 1.2미터 높이의 난간을 두어야 합니다. 그런데 난간 모양이 평범하지 않아 보입니다. 난간의 '손스침(핸드레일)'은 생략되어 있고, 꼭대기가 둥글게 휘어진 난간 살들이 촘촘히 늘어서 있습니다. 덕분에 난간 안쪽과 건너편이 칼로 자르듯 또렷하게 분리되지 않고, 두 영역이 난간 살 사이의 틈을 통해 적당히 얼버무려지는 듯 보입니다. 지금 내가 점유하고 있는 영역이 난간 안쪽에 한정되지 않고 난간 바깥까지 살짝 확장되는 것 같은 착각이 들기도 하고요. 결과적으로 바깥 풍경이 좀 더 부드럽고 편안하게 느껴지는 것 같습니다. 마당에서 시선을 올려보면 양옥의 위층들(오설록 티하우스)이 가까

북촌로 방면으로 놓인 난간.

이에서 모습을 드러냅니다. 묵직한 콘크리트 난간 위에 가느다란 철제봉이 덧붙여진 모습이 보이는데, 물성이 뚜렷하게 대비되는 만큼, 역시 어디까지가 원래 있던 부분이고 어디부터가 나중에 덧붙여진 부분인지를 역시 쉽게 알아차릴 수 있습니다.

특유의 디자인 수법, 재료와 요소를 다루는 일관된 태도는 양옥의 내부, 오설록 티하우스에서도 이어집니다. 때로는 반복되고 때로는 상황과 재료에 따라 미묘하게 변주되는 장면 장면을 일일이 짚어 가며 해석을 덧붙이고 싶진 않습니다. 다소 지루하게 느껴지실 수도 있으니까요. 어쩌면 스스로 발견하고 해석하는 즐거움을 제가 빼앗는 일일지도 모르겠습니다. 자유 시간을 드릴 테니 영업 방해가 되지 않는 선에서 구석구석 감상하고 오시길 권해 드립니다.

다음 나들이 코스로 넘어가겠습니다. 작은 고개를 넘어 계동길로 갈 텐데요. 뒤돌아서 방금 건너온 북촌로 건너편을 바라보면, 이제껏 둘러본 설화수의 집과 오설록 티하우스가 한눈에 들어옵니다. 별다른 설명이 없다면, 작은 한옥들과 뒤편의 커다란 양옥 주택이 하나로 연결된 시설이라는 사실을 깨닫지 못하는 사람들도 많을 것 같습니다. 워낙 담백해 보이는 모습이라, 비교적 최근에 리모델링한 건물이라는 사실을 알아차리지 못하는 사람들도 제법 될 것 같아요. 그만큼 이웃 건물들과 무난히 어울리면

북촌로 건너편에서 보아야 전체 모습이 한눈에 들어온다. 이웃 건물들과 무난히 어울리면서
별다른 어색함이나 위화감 없이 잘 자리 잡은 모습이다.

서 별다른 어색함이나 위화감 없이 잘 자리 잡고 있다는 뜻이겠지요. 대기업의 주력 매장답지 않게 존재감이 그다지 도드라지게 느껴지지 않습니다. 흔히 하는 것처럼 오래된 한옥들과 양옥 주택 모두 깨끗이 철거하고 최대 용적의 건물을 올렸더라면 어땠을까요? 훨씬 더 넓고 큰 건물을 지을 수 있었을 것입니다. 도톰하게 뭉친 듯한 윤곽으로 만들 수 있었을 테니 공간 효율도 훨씬 높았겠지요. 숫자로 드러나는 건물 가치는 훨씬 더 높아졌을 것입니다. 합리적이고 자연스러운 개발 방향입니다. 하지만 지금과는 많이 다르게, 어색하고 무뚝뚝한 풍경이 되었겠지요. 그리고 방금까지 우리가 함께 했던 풍성한 경험은 겪을 수 없는, 꼭 북촌이 아니더라도 흔히 볼 수 있는 평범한 동네 건물이 되었을지도 모르지요.

　　　　건물 한 채를 짓는 데에는 예상을 훌쩍 뛰어넘는 큰돈이 들어갑니다. 그만큼 위험과 책임이 크기에 의뢰를 받고 건축을 설계하는 입장에서는 건축적 가치만 고집하며 사업성을 무시해서는 안 되겠지요. 그런데 정작 주변을 둘러보면 어떤가요? 주어진 조건 안에서 최대한의 사업성, 즉 최대한의 용적률을 찾아 넓은 면적의 공간을 확보했는데, 정작 임대인을 찾지 못해 공실이 되는 경우도 있지요. 임대든 직영이든 누군가가 입주하긴 했는데 기대한 만큼 손님이 들지 않아 곤란한 경우도 어렵지 않게 발견합니다. "이렇게 오랫동안 텅 비워 둘 거라면, 뭐 하러 저렇게 악착같이 면적을 다 채우며 커다랗게 지었단 말인가." 이런 의문이 드는 건물을 신촌에서도, 가로수길에서도, 홍대 앞에서도, 인사동에서도 곧잘 보게 됩니다. 당분간 크게 변하지 않을 것 같은 이러한 상업 부동산 시장 현황을 고려하면, 설화수의 집과 오설록 티하우스의 디자인 전략은 결과적으로 매우 현실적이라 볼 수도 있겠습니다.

의뢰인과 건축가는 북촌이라는 입지에서 브랜드 가치를 최대한 드러낼 건축적 방법을 진지하게 고민했을 것입니다. 북촌이기에 가능한, 북촌이라는 브랜드 가치를 최대한 활용할 수 있는, 대체할 수 없는 매력을 지닌, 아마도 그런 건물, 그런 장소를 짓는 것이 목표였겠지요. 쉽지 않았을 과정을 겪으며 이 땅과 이 집을 찾아 이런 디자인으로 짓기로 했을 겁니다. 꾸준히 화젯거리가 되고 많은 손님들로 북적거리는 것을 보면, 적어도 상업적으로 실패한 것 같지는 않아 보입니다.

사업적 측면이 아닌 건축적인 측면에서 이야기하자면, 내내 말씀드린 것처럼 매우 뜻깊은 결과물을 냈다고 생각합니다. 북촌에 자리 잡은 덕분에 설화수의 집과 오설록 티하우스는 빛이 나는 것 같습니다. 그리고 이들이 들어서서 북촌은 전보다 한결 더 북촌다워졌다고 생각합니다. 이제 본격적으로 계동길을 따라 걸어가 봅시다.

CHAPTER 3

느긋하게,

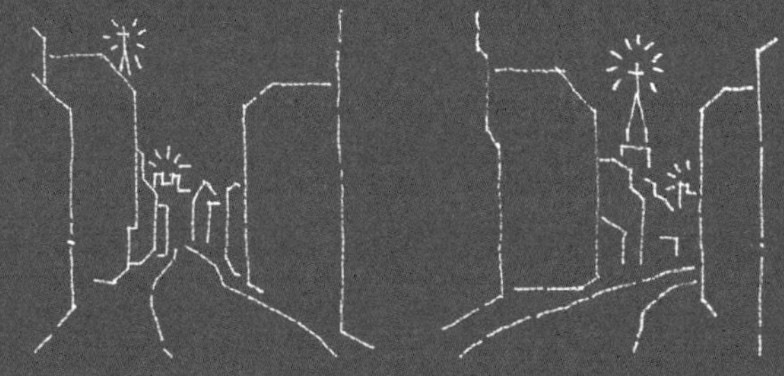

계동길 골목 산책

길이 휘어질 때마다 각도가 변하면서
양옆에 비스듬히 세워져 잘 보이지 않던 '건물의 얼굴'이
눈앞에 모습을 드러냅니다.
그래서 접혀 감추어져 있던 거리 풍경이
걸음걸음을 통해 조금씩 펼쳐지는 듯한,
마치 내가 내 발걸음으로 거리 풍경을 펼치면서
걸어가는 듯한 느낌이 듭니다.

길의 모양 그리고 길이, 너비, 깊이
계동길 풍경 1

우연히 계동에 작업실을 두게 된 이후, 안국역에서 계동길을 지나 원서고개로 이어지는 경로가 출퇴근길이 되었습니다. 매일 걸어 다니다가 문득 이 길은 왜 이렇게나 지루하지 않고 예쁘게 느껴지는 것인지 궁금해지더라고요. 몇 가지 이유를 궁리하게 되었고, 이 내용을 좀 더 많은 사람과 나누고 싶다는 생각이 들었습니다. 그것이 '반나절 북촌 나들이'를 시작하게 된 계기였지요. 그럼 이제 함께 걸어가면서 계동길을 살펴보겠습니다.

안국역 근처 현대건설 사옥에서 중앙고등학교까지 계동길의 길이는 대략 650미터입니다. 느긋하게 걸어서 10분에서 15분 정도 걸리지요. 항공 사진으로 길 모양을 살펴보면 거의 똑바른 듯 보이지만, 계획 도시의 길처럼 완벽한 직선으로 뻗은 길은 아닙니다. 그리고 큰길에서 작은 골목이 갈라져 나와 전체적으로 잎맥이나 손금 또는 핏줄을 닮은 것 같기도 합니다. 길에 서서

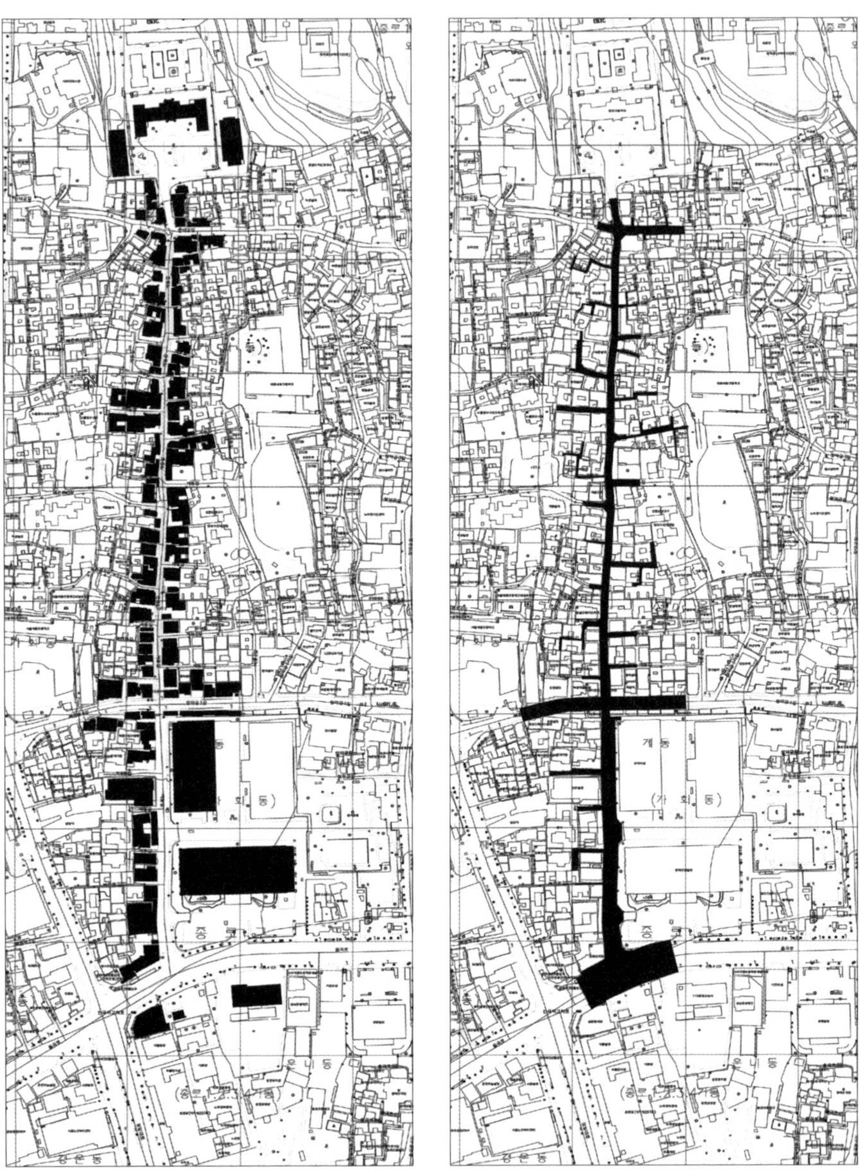

잎맥이나 손금 또는 핏줄을 닮아 보이는 계동길.

보면 구부러진 정도가 실제보다 훨씬 크게 느껴집니다. 길이 약간 경사져 있기 때문에 다소 과장되게 느껴지는 것이죠. 그래서 걸음걸음마다 저 멀리 보이는 길의 끝 언저리의 풍경이 마치 꿈틀거리는 것처럼 느껴집니다. 안국역 부근에서 중앙고등학교를 향해서 올라갈 때, 높이 솟은 계동교회 첨탑과 중앙고등학교 석탑은 멀리서도 눈에 잘 띄기에 일종의 랜드마크로 인식되는데요. 계동길을 따라 올라가는 동안 눈앞에 펼쳐지는 풍경은 사뭇 달라집니다. 어느 지점에서는 첨탑이 주인공처럼 당당히 모습을 드러내는데, 조금 더 걸어가다 보면 어느새 석탑이 정면으로 보이고 첨탑은 옆으로 사라져 잘 보이지 않습니다. 길의 어느 쪽을 따라 걷는지에 따라서도 풍경이 달라집니다. 비슷하게 올라온 지점인데도, 계동길의 오른쪽 끝에 서면 왼편의 계동교회 첨탑이, 왼쪽 끝에 서면 중앙고등학교가 주인공처럼 모습을 드러냅니다. 그래서 계동길을 올라가는 내내, 두 랜드마크가 숨바꼭질하듯 번갈아 숨었다가 드러내기를 반복하는 것으로 보이지요. 이 때문에 지루함이나 피로감이 덜한 것 같습니다. 길이 휘어질 때마다 각도가 변하면서 양옆에 비스듬히 세워져 잘 보이지 않던 '건물의 얼굴'이 눈앞에 모습을 드러냅니다. 그래서 접혀 감추어져 있던 거리 풍경이 걸음걸음을 통해 조금씩 펼쳐지는 듯한, 마치 내가 내 발걸음으로 거리 풍경을 펼치면서 걸어가는 듯한 느낌이 듭니다.

길 모양이 활주로 같은 직선이었다면 다소 삭막했을 것 같습니다. 권력의 위엄을 드러내고 사람들을 겁주기 위해 지어진 건물에서 그렇게 디자인된 공간을 곧잘 보게 됩니다. 저 멀리 왕좌에 앉아 있는 왕을 향해 걷다 보면 걸음걸음마다 긴장이 높아지는 나머지 막상 왕 가까이 다가가면 다리 힘이 풀려 주저앉게 되더라는 이야기도 있습니다. 무서운 상대를 향해 숨을 곳 없이 자신을 온전히 드러내며 오래 걸어가다 보면 정말 그럴 수도 있겠지요. 길 모양이나 공간의 윤곽이 불규칙하면 그것만으로 여유가 생기고 마음이 편해집니다.

길이 편안하게 느껴지는 또 다른 이유는, 길의 폭과 길 양옆 건물들의 높이가 적당하기 때문입니다. 적당히 넓거나 좁고, 적당히 높거나 낮아서 몸을 편하게 감싸는 듯합니다. 길의 폭은 대체로 아홉 걸음이나 열 걸음 정도, 미터법으로는 6미터에서 8미터 정도입니다. 길 한쪽에서 건너편을 바라보면 스케일의 또 다른 의미를 알게 됩니다. 한쪽 가게에서 마주하는 길 건너 가게의 상황을 무리 없이 파악할 수 있습니다. 사람들이 무슨 일을 하는지 보이고, 좀 더 살펴보면 표정도 읽을 수 있습니다. 목소리를 조금 높이면 간단한 대화도 가능할 것 같습니다. 길 너비와 함께 양옆 건물들의 높이가 적당하게 느껴지는 이유는 1990년대 후반, 한옥마을 경관 규제가 잠시 풀려 급격히 개발되는 와중에, 경관 파괴에 공적

때와 상황에 따라 다양한 표정을 보여 주는 계동길 풍경.

위기의식이 발동된 나머지 진행되던 고밀도 개발을 갑자기 멈춰버렸기 때문입니다. 결과적으로 단층의 도시형 한옥과 3, 4층짜리 건물들이 섞여 있는 지금의 풍경이 된 것인데, 덕분에 계동길 특유의 공간감이 형성되었습니다. 적당히 에워싸면서 부분적으로 적당히 열린, 그래서 너무 갑갑하지도 않고, 그렇다고 너무 휑하지도 않은 입체적인 공간감인데요. 양편에 늘어선 건물들의 높이가 가지런하지 않아서 거리 풍경이 더 풍요로워진 것이지요.

지형 또한 길을 따라 걷는 재미를 북돋습니다. 계동길은 얕은 골짜기 같은 형세입니다. 고지도 등 기록을 살펴보면 계동길을 따라 실제로 작은 계곡이 있었음을 알 수 있지요. 계동길뿐 아니라 삼청로, 북촌로, 창덕궁길 등 남북으로 이어지는 북촌의 길들은 모두 능선 사이의 계곡을 따라 생겼습니다. 그래서 길 모양이 구불구불했던 것이지요. 늘어선 건물과 함께 얕은 언덕이 양옆을 에워싸는 형국이라 길을 걷는 입장에서 더 포근하게 느껴지기도 합니다. 사실상 계곡을 따라 산에 오르는 것이기 때문에, 안국역 부근은 평지이지만 중앙고등학교 방면으로 다가가면서 서서히 오르막으로 바뀌기 시작합니다. 완만했던 경사는 걷는 사이에 조금씩 급해집니다. 길의 마지막, 중앙고등학교 정문에 다다를 즈음에는 어느새 호흡이 살짝 거칠어지고 다리에 실린 힘이 의식될 정도로 가파르지요. 좀 엉뚱한 이야기일 수도 있는데, 기승

　　　　　　　　　　　　　　　　　　　　　　　

전결로 이어지는 서사가 느껴지는 것 같기도 해요. 길을 걸어가는 경험이, 평지에서 시작해 가파른 언덕에서 마무리되는 하나의 이야기로 읽힌다고 할까요.

오르막길에서는 평평한 길과는 다른 공간감이 느껴지고, 다른 풍경이 펼쳐집니다. 길바닥이 나를 향해 기울어져 있기에 길바닥과 인근 가게들이 넓게 펼쳐진 것처럼 보입니다. 길의 구체적인 모양새가 한결 더 잘 보이고 이해됩니다. 길을 걷는 사람들도 훨씬 더 잘 보입니다. 마치 살짝 둥실둥실 떠다니는 것 같기도 하고, 런웨이를 걸어가는 모델이나 무대 위 배우처럼 보이기도 해요. 반대로 내리막을 향해서는 길을 비스듬히 내려다보게 되는데, 길의 휘어진 모양이 한결 또렷하게 보이고 길 전체 형국이 한눈에 잘 읽힙니다.

올망졸망 골목 속 문득 펼쳐지는 넉넉한 여유
뮤지움헤드

서울시 종로구 계동길 84-3

대체로 작은 집들이 올망졸망 모여 있는 계동길이지만 길 안쪽의 작은 골목길로 들어가면 의외로 넓은 마당을 낀 큰 집이 불쑥 나오기도 합니다. 인촌 김성수 선생의 생가를 마주하고 있는 이곳은 '뮤지움헤드'인데요. 1층에는 갤러리, 2층에는 찻집이 있습니다. 사무소효자동의 서승모 건축가 작품입니다. 짐작하셨겠지만, 오래된 주택을 리모델링한 것입니다.

네모난 윤곽의 얕은 연못이 마당을 가득 채우고 있어서 대각선으로 가로질러 가지 못하고 크게 빙 둘러 돌아가야 합니다. 느릿느릿 산책하듯 돌아가면 건물의 겉모습과 네모난 연못을 여러 각도에서 둘러보게 됩니다. 연못은 번잡스러운 외부와 1층 갤러리 사이를 완충하는 역할 또한 하고 있습니다. 현실로부터 잠시 거리를 두고 갤러리 전시에 집중할 수 있도록 도와주죠. 연못 가운데에 설치 작품이나 홍보물이 들어설 때도 있습니다. 설치 작

네모난 연못을 품고 있는 뮤지움헤드.

종석 미장으로 마감한 벽은 사람 손맛이 느껴지고 까칠한 촉감을 연상케 하는 강한 질감을 지닌다.

품이나 홍보물은 자연스럽게 통행로로부터 사방으로 적당히 거리를 두고 세워져 연못은 출입을 제한하는 담장 역할을 합니다.

연못과 함께 시선을 끄는 것이 전면에 보이는 오톨도톨한 마감의 벽입니다. 종석 미장이라고 하는 기법으로 모르타르를 두툼하게 발라 놓고 완전히 굳기 전에 표면을 살짝 쪼아 내는 기법입니다. 벽돌이든 타일이든 패널이든 작은 조각들을 연달아 붙이는 마감 방식은 당연히 연결부, 줄눈이 생기게 됩니다. 담백하게 밋밋한 벽을 원한다면 줄눈이 원하지 않는 잡음으로 여겨질 수도 있습니다. 연달아 이어 붙이는 조각들이 대량 생산된 기성품이라는 점에서 못마땅할 수도 있고요. 건물을 오직 이곳에만 존재하는 고유한 작품으로 차별화해서 연출하고 싶다면, 종석 미장은 줄눈이 생기지 않고 사람 손맛이 느껴진다는 점에서 좋은 선택

북촌 건축 기행

이 될 수 있습니다. 무엇보다 까칠한 촉감의 강렬한 질감이 다른 평범한 마감과 크게 차별화된다는 점 또한 큰 장점이죠. 종석 미장 벽을 좀 더 관찰해 보면, 벽이 바닥에 연결되지 않고 매달려 있음을 알게 됩니다. 갤러리에는 창이 아예 없는 경우도 많지요. 시각과 날씨에 상관없이 늘 고른 밝기의 빛 아래에서 전시물을 보여 주기 위해서입니다. 휘어진 천창을 두어 간접광을 받아들이는 것이 보통입니다. 이 건물은 구조상 1층 갤러리에 천창을 둘 수 없는 상황이어서 벽 밑부분을 비워 그쪽으로 간접광을 받아들이게끔 매달린 벽을 만든 것이죠. 갤러리로 들어가면 매달린 벽 아래, 비워진 공간의 높이의 의미를 조금 더 정확히 이해하게 됩니다. 너무 어두컴컴하지 않게 적당히 밝으면서도 햇빛이 바닥으로 드리워져 전시품 감상에 방해가 되지 않습니다. 그리고 눈높이에서의 번잡스러운 바깥 풍경을 걷어 내고 시선을 마당 바닥의 네모난 연못으로 유도하는 효과도 있지요.

종석 미장, 연못을 두고 돌아서 접근하는 방식, 바깥으로의 시선을 섬세하게 통제하는 모습에서 일본에서 공부한 건축가 서승모의 건축적 배경이 조금은 이해되는 것 같습니다. 건축적으로 완성도 높은 작품입니다. 계동길에서 보기 드물게 시원시원하게 비워진 열린 장소로, 모처럼의 여유를 준다는 점에서 소중한 장소입니다.

생활의 풍경과 관광의 풍경
계동길 풍경 2

계동길의 또 다른 특징은 '생활의 풍경'과 '관광의 풍경'이 절묘하게 균형을 이루고 있다는 점입니다. 동네 주민들을 위한 가게와 관광객을 의식한 가게가 비슷하게 세력을 이루며 아무렇지도 않게 뒤섞여 있어요. 촌스러운 전기 수리점 바로 옆에 유명한 크루아상 가게가 붙어 있는 식입니다. 덕분에 쇼핑몰처럼 정신없지도 않고 평범한 주택가처럼 마냥 조용하지도 않은, 지금의 독특한 분위기가 형성되었다고 생각합니다. 절묘하게 균형을 이루게 된 이유를 짐작해 봅니다. 동네 터줏대감들 말을 들어보면, 중앙고등학교로 일본인 관광객이 물밀듯 오기 시작하면서 계동이 유명해지기 시작했다고 합니다. 중앙고등학교가 당시 욘사마로 유명한 드라마 〈겨울연가〉의 촬영지였거든요. 그 사연을 보여 주는 것이 대구참기름집입니다. 조용하고 평범한 동네였던 계동에 단지 드라마 촬영지라는 이유로 일본인 관광객들이 갑자기

몰려들기 시작했는데, 당시만 해도 기념품으로 챙길 것이 따로 없어서 참기름을 사 갔더라는 것이죠. 급기야 낡고 오래된 동네 기름집이 관광 안내 책자에 소개되기에 이릅니다. 지금은 작정하고 기념품만 파는 가게가 여럿 있지만 당시만 해도 계동길은 많은 손님을 맞이할 준비가 되어 있지 않은 그저 오래된 동네였을 뿐이지요. 일본은 우리나라와 달라서 참기름의 향을 적극적으로 음식에 활용하는 경우가 별로 없다고 합니다. 튀김을 할 때 끓는점을 조절하기 위해 쓰는 정도라지요. 거리를 걷다 난데없이 맡게 된 참기름 향기가 희한하게 느껴졌을 법합니다. 계동길의 정체성에 제법 어울린다고 생각했는지 참기름을 찾는 일본인 관광객은 점점 많아졌고 급기야 참기름과 아무 상관 없는 주변 다른 가게에서도 일본어로 참기름, 들기름이라 써 놓고 판매하는 일도 생겼습니다. 아무튼 〈겨울연가〉가 일본에서 인기를 얻고 일종의 사회 현상이 된 것이 2005년 무렵이었음을 생각해 보면, 삼청동과 가회동에 비해 계동길은 비교적 늦게 상업화의 흐름에 올라탄 셈입니다. 상업화의 양상도 다릅니다. 앞서 균형을 이루고 있다고 말씀드렸듯 본격적으로 유명해진 뒤에도 계동길은 삼청동과 가회동에 비해서 분위기가 차분한 편입니다.

인근 삼청동은 한옥 보존지구라는 이유로 오랫동안 개발이 제한된 와중에 청와대 인근이라는 조건까지 겹쳐, 민주화

2005년 무렵 〈겨울연가〉의 인기를 업고 일본인 관광객들로 북적이기 시작하면서
상업화의 흐름에 올라탄 계동길. 당시 조용하고 평범한 동네에서 특별한 기념품을 찾지 못한 관광객들은
동네 기름집의 참기름을 대신 사 갔다.

이전까지는 다소 폐쇄적인 이미지를 가진 동네였습니다. 그 결과, 도심지인데도 불구하고 고즈넉하고 예스러운 풍경을 지니게 되었는데, 시대 분위기가 바뀌고 전반적으로 여유로워지면서 거꾸로 이런 풍경을 신기해하고 선망하는 분위기가 생겼습니다. 애초에 삼청동은 삼청로라는 통과 도로를 끼고 있어 동네 분위기를 노출시킬 수 있는 여건을 갖추고 있었지요. 덕분에 자연스럽게 매력을 보여 주게 된 것으로 이해합니다. 게다가 삼청로는 배후의 성북동 부자들이 시내로 나올 때 쓰는 지름길이라는 점에서 갤러리나 레스토랑 등 고급문화 상업 시설이 들어서기에 적당한 곳이기도 하지요. 총리 공관과 금융감독원 연수원, 감사원 등의 정부 기관이 있어 상대적으로 고급 공무원들이 자주 드나드는 곳이라는 점 또한 높은 취향의 문화 상업 시설이 들어서게 된 배경 중 하나일 것입니다.

그에 비해 계동길은 막다른 길인 데다가 일방통행이라, 통행량 자체가 상대적으로 적은 편입니다. 지나가다가 우연히 동네를 구경하게 될 만한 여건이 안 되지요. 지형과 교통망에 더하여, 상업의 확장에 방해가 되는 학교가 두 개나 존재한다는 점까지 고려하면 섬처럼 고립되었다고 볼 수도 있습니다. 인근 동네의 분위기가 확산되어 오기도 쉽지 않지요. 삼청동으로부터의 상업 흐름은 왕복 4차선의 북촌로가 문턱 역할을 하며 가로막고 있

습니다. 대단히 넓은 길은 아니지만 건너갈 때 살짝 머뭇거릴 정
도는 됩니다. 더불어 계동길 언저리는 양쪽 언덕을 끼고 작은 골
짜기처럼 옴폭 파인 지형이지요. 인근 가회동으로 이어지는 남측
골목에는 낮은 언덕길 한쪽에 재동초등학교라는 일종의 공백 지
대가 끼어들어 있어 상업 시설 확장에 어깃장을 놓고 있습니다.
계동길 북쪽 끝, 가회동으로 연결되는 또 다른 골목은 언덕이 등
산이라도 하는 기분이 들 정도로 가팔라서 걸음걸이가 여유롭게
이어질 만한 상황이 되지 못합니다. 그리고 이쪽에는 중앙고등학
교라는 또 다른 상업 시설의 공백 지대가 있지요.

　　　　종합해 보면 북촌 일대 상업화는 삼청동과 인근 가회동
에서 시작되는 것이 자연스러운 일이었는데, 그렇게 시작된 상업
화의 흐름이 계동까지 충분히 확장될 여건은 쉽게 갖춰지지 않았
던 것입니다. 결과적으로 생활의 풍경과 관광의 풍경이 절묘하게
균형을 이루는 지금의 계동길 풍경이 만들어졌다고 생각합니다.

　　　　이제껏 주로 거리를 어떤 성격의 가게들이 채우고 있
는지에 관련된, 즉 상권의 균형을 이야기했습니다만 어떤 부류의
사람들이 거리를 다니고 있는지 살펴보면 또 다른 측면의 균형을
읽게 됩니다. 물론 국내외 관광객들이 꾸준히 찾아오는 편으로,
특히 주말에 많이 보이지요. 봄가을 계동길 축제 때는 동네 전체
가 놀이공원처럼 북적거립니다. 평일 점심쯤에는 특유의 점퍼를

　　　　　　　　　　　　　　　　　　　　북촌 건축 기행

입고 출입 카드를 목에 건 현대건설 사람들이 거리를 가득 채우고요. 평일 늦은 오후에는 중앙중고등학교 학생들과 세무고등학교 학생들이 왁자지껄 떼를 지어 몰려다닙니다. 평일 늦은 밤에는 관광객들보다는 고된 일과를 마치고 귀가하는 동네 사람들이 보입니다. 그리고 인적 드문 이른 아침이나 늦은 밤에는 영화나 드라마 촬영팀이 거리를 점령한 채 이런저런 장비를 설치하고 촬영하는 풍경이 가끔 펼쳐지기도 합니다. 계동길의 균형은, 특히 '사람의 균형' 또는 '사건의 균형'은 중간점에 자리 잡아 움직이지 않는 고정된 균형이 아닙니다. 순간 어느 방면으로 살짝 기울었다가도 금방 원래로 돌아오고 이내 다른 엉뚱한 방면으로 돌아가는, 치우침과 회복됨을 반복하는 균형입니다. 얼핏 사건의 균형은 상권의 균형을 끊임없이 뒤흔드는 것처럼 보입니다. 그런데 더 긴 시선으로 보자면, 사건의 균형 덕분에 상권의 균형에 힘이 실려 안정화되고 있다고 이해할 수도 있을 것 같습니다.

하늘색 타일과 흑백 사진에 담긴 계동길의 역사
물나무 사진관

서울시 종로구 계동길 92

물나무 사진관은 예전에 중앙탕이라 불린 목욕탕이었던 곳입니다. 모든 것이 부족하고 모자라, 각자의 집에서 편하게 목욕하기 힘들었던 시절이 있었다지요. 그때는 사람들이 평소에는 세수 정도만 하고 지내다 가끔 큰맘 먹고 의식을 치르듯 동네 목욕탕을 찾았다고 합니다. 누구나 가끔은 꼭 찾아가서 긴 시간을 보내게 되는 목욕탕은 동네 커뮤니티의 중심이었습니다. 마침 이곳은 계동길의 가운데쯤에 해당합니다. 높은 종탑이 있는 계동교회 또한 바로 근처에 있습니다. 주말이 되면 마을 사람들이 모여 예배도 드리고 목욕도 하고 서로의 안부를 묻기도 하는 등 정겨운 풍경이 펼쳐졌을 테지요. 어느 날, 목욕탕은 선글라스를 주로 취급하는 유명 편집숍으로 바뀌었는데, 제법 세월이 지난 지금도 계동길을 이야기하면서 이 사건을 인상 깊게 떠올리는 사람이 더러 있습니다. 관광의 풍경이 본격적으로 자리 잡기 시작했음을 보여 주는 상징적인 사건입니다. 이어 물나무 사진관과 갤러리로 바뀌었는데, 물나무 사진관이었던 부분은 이제 팝업 스토어가 되었습니다.

사진관은 없어졌지만 이 건물을 여전히 물나무 사진관이라 소개하는 이유가 있습니다. 2018년, 물나무 사진관의 김현식 작가는 계동길에 자리한 가게 사장들을 한 명 한 명 일일이

물나무 사진관은 현재 팝업 스토어로 바뀌었다.

거리 곳곳에 물나무 사진관의 김현식 작가가 계동길 가게 주인들을 찍은 인물 사진이 남아 있다.

섭외해 흑백 전신 사진을 찍어 전시회를 열었습니다. 전시회가 끝나고 작가는 사장의 사진을 그 가게마다 붙였습니다. 이제는 유명한 관광지가 되어 주민들보다 잠시 머물다 사라지는 관광객들이 더 많아졌습니다. 정들었던 가게가 하루아침에 사라지고 영혼 없는 프랜차이즈 가게가 덜컥 들어오는 일이 점점 잦아지고 있지요. 하지만 계동길을 가꾸는 진짜 주인은 결국 계동길에서 가게를 일구며 지내는 가게 주인들입니다. 멋쩍게 웃으며 엉거주춤 서 있는 사진 속 가게 주인들은 이런 진실과 희망을 웅변하고 있습니다. 전시회가 끝난 지는 오래지만, 이 사진들은 계동길 곳곳에 아직도 많이 남아 있습니다.

꾸밈없이 편안하면서도 당당히 렌즈를 응시하는 사진 속 모델들은 계동길 풍경과 잘 어우러집니다. 사진 속 사람을 가게 안에서 실물로 마주할 때마다 왠지 뭉클해집니다. 진실은 단순합니다. 진정성을 이기는 것은 없습니다. 거리를 지키는 사람들이 각자의 일을 계기로 익명성에서 벗어날 때, 일과 사람과 장소가 입체적으로 맞물려 일과 사람 사이, 사람과 장소 사이, 장소와 일 사이의 단절과 소외를 걷어 낼 때, 거리는 그곳에서만 누릴 수 있는 고유한 생명력을 얻게 됩니다. 곳곳에 걸려 있는 사진들은 계동길이 아름다운 이유, 계동길로 많은 사람들이 찾아오는 이유가 무엇인지를 끊임없이 깨우쳐 주고 있습니다. 이제는 계동길이 계속 계동길다울 수 있도록 지켜 주고 있는 것처럼 보입니다. 자연스럽게 거리 풍경 속으로 녹아들어 간 나머지, 어느새 사장 사진이 없는 계동길을 상상하기 힘들게 되었습니다. 계동길 풍경을 깊이 있게 만든 작가에게 감사를 느낍니다. 그래서 이 건물을 저는 계속 물나무 사진관이라 부릅니다.

뒤쪽에 남아 있는 굴뚝과 특유의 옛날 타일에서 예전에 목욕탕이었던 건물의 내력을 읽을 수 있습니다. 건물 안에서 펼쳐지는 팝업 스토어의 세련된 풍경은 촌스러운 타일 벽면과 묘한 대비를 이룹니다. 평범한 동네에서 손꼽히는 관광 명소가 된 계동의 지난 역사가 이런 장면에 담겨 있는 것이지요. 목욕탕 시절 커뮤니티의 중심이었던 이곳이, 이제는 동네 역사가 새겨진 기념비가 되었습니다. 기존 외벽으로부터 살짝 간격을 두고 유리를 세운 것이 건물 디자인의 핵심입니다. 건물을 새롭게 꾸미고 싶은 마음과 건물에 담긴 옛 기억을 지키고 싶은 마음을 절충한 결과라 짐작합니다. 거리 풍경을 크게 흔들지 않으면서 적절하게 참신함을 더했다는 점에서 유효한 디자인 전략입니다. 유리 너머로 보이는 목욕탕 시절의 타일을 이렇게 연출하니 마치 진열장 속 예술품을 보는 듯합니다.

숍과 스토어
계동길 풍경 3

서울시 종로구 계동길

계동길 상권의 또 다른 특징은 숍shop과 스토어store가 건강하게 공존한다는 것입니다. 가게를 뜻하는 영어 단어는 숍이나 스토어로, 두 단어의 뉘앙스는 조금 다릅니다. 숍은 공방을 일컫는 말로 주인이 가게에 머물면서 자신의 솜씨로 상품이나 서비스를 만들어서 판매하는 곳을 뜻합니다. 스토어는 아시다시피 창고를 일컫는 말인데, 이 가게가 아닌 다른 곳에서 대량으로 만들어진 상품을 가져다 쌓아 놓고 판매하는 곳을 뜻합니다. '창고 대개방'이라는 플래카드를 걸어 놓고 속옷이나 양말 등을 떨이로 파는 모습에서 스토어의 본래 의미를 새삼스럽게 확인합니다. 넓게 생각하자면, 주어진 식자재와 레시피대로 요리해서 파는 프랜차이즈 식당은 스토어로, 가게 주인이 자신의 레시피로 요리해서 파는 식당은 숍으로 부를 수도 있을 듯합니다.

대량 생산·대량 소비의 시대, 전 세계적으로 숍은 많

이 사라지고 스토어가 널리 퍼지게 됩니다. 그런데 계동길에서는 다른 여느 동네와 다르게, 스토어도 많지만 숍도 꽤 많이 볼 수 있습니다. 궁궐 사이에 놓인 동네라는 오라와 함께, 앞서 말씀드린 계동길 특유의 분위기가 개성 강한 예술가와 장인들을 매혹했으리라고 짐작합니다. 거기에 더해, 상권이 고도로 발전하기 힘든 조건을 지닌 곳이라서 상대적으로 분위기가 차분하고 임대료가 합리적이기도 하지요. 많은 가게 주인들이 자신의 가게가 스토어가 아니라 숍이라는 사실을 드러내려 합니다. 지키고 싶은 정체성일 테니까요. 그래서 보란 듯이 작업 도구와 작업대를 펼쳐 놓고 가끔 작업을 하는 등 작업 풍경을 기꺼이 진열합니다. 일부 숍에서는 디자인하고 만들고 진열하는 것에 그치지 않고 수업을 하기도 합니다. 가게 주인과 소비자가 한층 입체적인 관계를 맺으며 보다 풍성한 상황이 연출되는 것이지요. 자신을 예술가 또는 장인으로 규정하는 가게 주인들이 모여 있어서 여느 동네나 상권과는 조금 다른 분위기의 커뮤니티가 형성되어 있기도 합니다. 함께 비슷한 취향과 가치관을 갖고 있다는 의식이 강해서 잘 어울리는 편입니다. 이런 모든 것들이 계동길의 풍경에 알게 모르게 영향을 끼칩니다.

숍과 관련한 물리적 요소로는 무릎 높이 입간판과 거리 벤치, 거리 가판대를 들 수 있습니다. 모두 거리의 스케일을 잘

주인이 직접 디자인하고 만들어 직접 진열, 판매하는 가게 풍경.

거리로 내놓은 무릎 높이의 입간판과 벤치, 가판대 등은 계동 특유의 다정한 풍경을 연출한다.

게 나누어 아기자기한 풍경을 연출하는 것들입니다. 입간판은 건물 본채에서 조금 떨어져 나와 있어 보행에 지장을 주는데, 계동 길처럼 작은 거리에서는 가게 정면에 붙이는 간판보다 오히려 눈에 더 잘 띌지도 모르겠습니다. 입간판 덕분에 가게의 영역이 쇼윈도에서 그치지 않고 거리로 살짝 확장되는 효과가 생깁니다. 보행의 흐름을 살짝 방해하는 작은 소용돌이의 구심점이라 할 수 있지요. 크기가 비교적 작고 높이가 엇비슷해서 디자인이 모두 달라도 산만해 보이진 않습니다. 거리 풍경을 어수선하게 만든다기보다는 좀 더 친밀하고 다정하게 꾸며 주는 것으로 보입니다. 거리 벤치는 주로 카페나 음식점에서 둡니다. 먹고 마시는 영역을 굳이 가게 안으로 한정 짓고 싶지 않고, 차례를 기다리는 고객을 조금이라도 편한 환경에서 모시고 싶어서 두는 거리 가구입니다. 벤치에 앉아서 간단한 음식을 먹거나 마시는 모습은 계동길로 녹아들어가 거리에 생동감을 더해 줍니다. 이 풍경은 웬만한 간판이나 전단보다 훨씬 강력한 홍보 수단이 됩니다. 거리 가판대는 가게의 입면 일부를 찢어 내어 설치하거나, 가게 앞 여유 공간에 펼쳐 놓습니다. 쇼윈도 안의 진열 공간이 가게 앞, 거리에까지 확장된 것으로 문을 열고 가게 안으로 들어가지 않은 채로 상품을 자세히 살펴볼 수 있고, 부담 없이 훌쩍 자리를 뜰 수 있게 해 주지요.

갤러리 등의 문화 시설과 함께 서울시에서 매입해서

운영하는 공공 한옥이 드문드문 등장한다는 점 또한 계동길의 특징입니다. 돈을 쓰지 않아도 부담 없이 들어가서 느긋하게 머무르며 한옥의 정취를 즐길 수 있는 공간이지요. 팝업 스토어처럼 다양한 전시를 열기도 하고, 명절에는 체험 행사를 진행하기도 합니다. 이런 시설들과 상황, 풍경은 스토어보다는 숍의 분위기에 더 잘 어울리고 더 큰 효과를 냅니다. 매출을 최우선으로 삼는 가게들이 늘어선 사이에 당장의 매출에 민감하지 않은 시설이 드문드문 자리 잡으면, 거리를 거니는 사람들에게 숨 쉴 여유를 줍니다. 돈을 지급하고 뭔가를 소비하지 않아도 마음 편히 들어가 한껏 휴식을 취할 수 있습니다. '구매하고 소비한다'는 것 이외의 활동을 할 수 있다는 점에서도 거리를 보다 풍성하게 즐기게 됩니다.

정신없이 걷다 보니 어느덧 제법 가파른 비탈길에 접어들었네요. 저쪽으로 뜬금없이 우물이 하나 보이는데, 함께 가 봅시다.

동네의 역사를 품은 작은 집
북촌한옥역사관

서울시 종로구 계동4길 3

이 석정보름우물은 계동길 나름의 랜드마크입니다. 행정 구역을 일컫는 동(洞)이라는 한자를 새삼 살펴보면, '물(水)'과 '같다(同)', 두 글자가 합해져 만들어졌음을 알 수 있습니다. 같은 물을 쓰는 사람들로 이루어진 공동체, 하나의 우물을 함께 쓰는 마을을 일컫는 말이었다고 하지요. 방금 교회와 목욕탕을 커뮤니티의 중심이라 말씀드렸는데, 교회와 목욕탕이 들어서기 전에는 이 우물이 계동 일대 커뮤니티의 중심이었을 겁니다. 안내판에 설명이 잘되어 있으니 관심 있는 분들은 나중에 읽으시면 좋겠습니다. 우리는 우물을 지나 작은 골목 안쪽에 있는 '북촌한옥역사관'으로 들어가겠습니다.

북촌한옥역사관은 2021년, 구가건축의 건축가 조정구에 의해 리모델링된 작은 한옥입니다. 정세권이라는 사람과 도시형 한옥에 대한 이야기를 담고 있습니다. 북촌의 한옥은 조선 시대의 한옥과 많이 다릅니다. 훨씬 작고 간단하지요. 시대상의 변화에 맞추어 새롭게 개발된 염가판, 또는 보급형 한옥이라 부를 만합니다. 이 한옥들은 일제 강점기에 등장한 것으로, 도시형 한옥이라 불립니다. 정세권은 도시형 한옥이라는 건축 유형을 처음으로 제안하고 보급한 사람입니다. 우리나라 최초의 집 장수로 알려져 있는데요, 최초의 디벨로퍼, 즉 최초의 부동산 개발자라 불릴 만한 사람이지요. 서울을 두고 한강을 기준으로 강남과 강북을 구분하는 것처럼, 조선 시대에는 한양을 이야기하면서 청계천을 기준으로 남쪽 동네를 남촌, 북쪽 동네를 북촌이라 불렀다고 합니다. 남촌에는 남산 중턱에 자리 잡았던 초기 총독부와 함께 일본 사람들이 일본식 주택을 지어 살기 시작했고, 점점 그 세가 넓어지고 있었습니다. 정세권은 북촌 일대에서 도시형 한옥을 보급하면서, 일본식 주택의 범람을 막고 한옥마을의 풍경과 한옥에서 살아가는 조선 사람들의 세력을 지켜 냈습니다. 다른 한편으로는, 조선물산장려회와 조선어학회 등을 남몰래 지원하다가 일제로부터 많은 박해를 받았습니다. 세상을 떠날 때에는 정작 본인 소유의 집 한 채가 없었다고 하지요.

정세권이라는 인물에 얽힌 역사적, 정치적 맥락에서의 서사는 무척 인상적입니다. 그런데 건축 설계를 업으로 삼고 있는 제게 특별히 눈길을 끄는 대목은 정세권과 도시형 한옥에 담

실용 위주의 자유분방한 디자인을 보여 주고 있는 북촌한옥역사관.
정세권의 작업 태도와 왠지 닮아 보인다.

긴 실용주의적 태도와 실행력, 시대의 흐름을 꿰뚫어 보는 넓고 긴 안목입니다. 그는 앞으로 샐러리맨과 핵가족의 시대가 열릴 것이라 내다보았습니다. 그래서 안채, 사랑채, 행랑채 등으로 구성되는, 살림 공간과 업무 공간과 서비스 공간을 모두 갖춘 커다란 한옥의 수요는 갈수록 줄어들 것이고, 대신 살림 공간으로만 이루어진 작은 한옥이 많이 필요할 것으로 예측했습니다. 그런 판단을 바탕으로 과거 높은 관리의 자택이었던 큰 필지의 한옥을 매입해서 허문 뒤 여러 개의 작은 필지로 나누어 작은 한옥을 지어 분양하는 방식의 개발 사업을 시작했습니다. 목돈이 없는 사람들을 위해 맞춤형 대출 상품까지 개발하여 보급하였다고 하니 당시 시대상을 염두에 두고 보면 신통한 일입니다. 신문에 실렸던 관련 분양 광고는 지금 보아도 내용이 매우 현대적이고 자본주의적이어서 놀라움은 더 커집니다.

정세권의 통찰력과 실행력은 구체적인 건축 기법에까지 이어졌습니다. 간단하고 저렴해서 쉽게 지어 널리 팔 수 있는 상품! 실용적인 한옥을 추구하는지라 건축적인 측면에서도 제대로 격식을 갖추는 것보다는 조금이라도 저렴하고 손쉽게 짓는 방식을 고민했지요. 그래서 정세권이 제안한 도시형 한옥은 조선 시대에 지어진 '정통 한옥'과는 여러 면에서 다릅니다. 눈에 띄는 가장 큰 차이는 처마입니다. 자세히 보면, 도시형 한옥에서는 처마를 받치는 서까래가 한결 짧고 처마 끝에 접은 양철판이 붙어 있는 것을 알 수 있습니다. 그래서 지붕이 조금 가뿐하고 조밀한 느낌이 듭니다. 서까래가 짧아지면 그만큼 재료비가 적게 들고, 지붕이 가벼워집니다. 지붕만 달라지는 것이 아닙니다. 지붕이 가벼워지면 그만큼 지붕을 지탱하는 기둥 또한 조금씩 가늘어질 수 있고, 재료비는 더 낮아집니다. 다른 한편으로는 보강 고정 부품(소로)을 모양만 흉내 내어 겉에서 딱지처럼 붙이는 등(딱지 소로) 시공 과정을 단순화하기도 했습니다.

　　　그런데 이것은 정세권이 오랫동안 제대로 평가받지 못한 이유이기도 합니다. 많은 집을 지었다고 하지만 정통 한옥과 거리가 있고 시공 비용 절감과 효율 추구에 초점을 맞춰 못마땅하게 여기는 사람도 있었을 것입니다. 게다가 그는 정식으로 건축 교육을 받은 건축가도 아니었습니다. 건축 역사를 공부하는 사람들이나 예술가라 자부하는 건축가들 사이에서 무시하는 분위기가 있었을 법합니다. 그래서 오랫동안 제대로 된 연구가 이루어지지 않았지요. 사대문을 넘어 강북 일대에 이르기까지 경성이라는 도시 전체 경관을 바꾼 사람이지만, 널리 알려진 것은 비교적 최근의 일입니다. 정세권의 통찰력과 실행력, 작업 태도는 건축 설계를 하는 저에게도 많은 교훈과 영감을 줍니다. 눈빛이 단단해 보이는 흑백 사진 속 정세권을 바라보면서, 모처럼 좋은 업계 선배를 알게 되었다는 생각에 뿌듯해집니다. 그가 활동했던 북촌에 건축사사무소를 꾸렸다는 점에서 애써 우연 이상의 의미를 찾고 싶기도 합니다. 기념관이라고 하지만 작은 한옥일 뿐이고, 전시물이 그리 많지도 않습니다. 하지만 콘텐츠들이 매우 정갈하게 정리되어 있고 내용도 무척 흥미롭습니다. 작고 수수한 한옥이 정세권이라는 캐릭터에 오히려 어울린다는 생각도 듭니다.

전시관 한옥 자체도 음미할 구석이 많은, 아주 좋은 건물입니다. 우선 안팎 경계를 다양하게 설정할 수 있는 유연한 공간 계획이 인상적입니다. 그리고 대체로 여유 있고 편안하게 느껴지는 와중에 몇 군데의 정교한 디테일도 볼만합니다. 벽 가운데에 난데없이 유리창을 뚫는 등 형식에 얽매이지 않는 파격적인 부분에서는 개발자 정세권, 아니, 건축가 정세권의 태도와 통하는 구석이 있는 것도 같습니다.

| 2021년 4월 개관되었던 북촌한옥역사관은 2025년 6월, 폐관되었습니다. 책이 출판된 시점에서는 더 이상 존재하지 않는 집이 되었네요. 집과, 집이 담고 있던 이야기를 조금이라도 더 널리 알리고 싶은 마음에 늦었지만 나들이 코스로 소개합니다.

다양한 관점으로 느슨하게 바라보면
계동길 풍경 4

서울시 종로구 계동길

경사가 제법 가팔라졌습니다. 어느덧 중앙고등학교 정문 앞입니다. 학교 앞 평범한 문방구였던 가게는, 지금은 외국인 관광객을 겨냥해 케이팝 관련 기념품을 팔고 있습니다. 정문을 등지고 서면 이제껏 올라온 계동길이 한눈에 보입니다. 어떤 모양으로 생긴 길인지 훤히 보이지요. 그리고 바로 가까이로는 옹기종기 모인 작은 집들이 보이는데, 눈길을 조금만 돌리면 현대건설 사옥부터 청계천 일대의 고층 오피스 빌딩 너머로 멀리 남산까지 보입니다. 풍경을 압축하여 입체적으로 보여 주는 장면이지요. 사진이 예쁘게 잘 나오는 포인트라는 말씀입니다. 낮에도 예쁘지만 밤에는 더 근사합니다. 야근한 뒤 퇴근길에 여기 서서 밤 풍경을 바라보면, 반짝거리는 도시의 밤 풍경이 지친 나를 위로해 주는 듯합니다. 안국역을 향하는 방향이 때마침 내리막길이라 발걸음에 가속이 붙고, 조용하고 아늑한 동네에서 벗어나 넓은 도시로 나아간다는 감각이 듭니다. 중앙고등학교는 3·1 운동의 발상지로도 유명합니다. 학교 숙직실에서 몰래 독립선언서를 찍어서 탑골공원으로 들고 가던 중, 마치 산꼭대기에서 눈사태가 일어나 쏟아지는 것처럼 만세를 외치는 사람들이 하나둘 합류하며 계동길을 따라 내려갔다는 이야기가 전해집니다. 지금은 제가 여러분께 건축 나들이 가이드를 하고 있습니다만, 계동 일대에서는 역사를 주제로 탐방하는 이벤트가 꾸준히 열립니다. 그만큼 이야깃거리가 많은 거리입니다. 김성수, 한용운, 송진우 등 교과서에서 보았던 이름의 인물들이 살던 동네인데, 그런 사람들이 사는 집은 여럿이 모여들어 오피스 역할까지 겸했다고 보아야겠지요. 주요 정당의 당사가 모여 있는 지금의 여의도 못지않은 정치의 중심지였을 것으로 짐작합니다. 저는 인사동이나 종로 방면까지 걸어갈 때도 많은데, 가끔은 내가 걸어가고 있는 이 길 위에서 수십 년 전에 역사적인 사건이 일어났음을 새삼 떠올리곤 합니다. 당장 눈앞에 펼쳐지는 풍경에 역사적 맥락을 겹쳐 구체적인 상황과 장면을 상상하다 보면 울컥해지기도 합니다. 계동길은 현재에 집중해서 둘러봐도 아름답게 느껴지지만, 역사를 염두에 두고 바라보면 조금은 다른 결의 아름다움을 느낄 수 있습니다.

그리 대단히 길거나 넓지도 않은, 그리 요란하지도 않은 작은 길을 두고 많은 이야기를 풀어놓았습니다. 길의 모양, 길

중앙고등학교 정문 앞에서 내려다본 계동길의 밤 풍경.

의 폭과 주변 건물로 연출되는 스케일 감각, 길 언저리의 지형 같
은 물리적 측면, 길을 채우고 있는 사람들과 가게들, 상권의 성격
과 그와 관련한 사회경제적 측면, 그리고 이런저런 숨은 이야기들
과 역사 같은 인문적 측면에 이르기까지 여러 관점으로 살펴보았
는데요. 그만큼 계동길을 입체적으로 이해하는 데에 도움이 되었
기를 바랍니다.

다양한 관점으로 바라보는 태도는 꼭 계동길뿐 아니
라 다른 동네, 다른 거리에도 적용할 수 있습니다. 어떤 동네나 건
물을 접할 때 자산 가치가 아닌 다른 잣대나 기준으로도 감상한다
면 조금 더 깊이 이해하고 조금 더 풍성하게 즐길 수 있지 않을까
생각합니다. 그러다 보면 문득 너무 익숙해서 아무런 감흥이 없었
던 동네와 집이, 북촌이나 설화수의 집 못지않게 매력적이었음을
깨닫게 될지도 모릅니다.

고독한 건축가의 은신처
깊은풍경한뼘마당집

서울시 종로구 창덕궁길 150-5

중앙고등학교 정문 앞에서 동쪽을 향해 올라가면 원서고개가 나옵니다. 그리고 원서고개 꼭대기에서 돌계단을 올라가 좁은 골목길로 들어가면 '깊은풍경한뼘마당집'이 나오지요. 이곳이 제가 운영하는 건축사사무소입니다. 사실 저는 북촌과 한옥에 대해서 별다른 관심이나 아는 것이 없었습니다. 딱히 개인적으로 애틋하게 생각할 이유도 없었고, 전통 양식이라는 이유로 한옥에 권위나 정당성을 부여하고 싶지도 않았습니다. 그러던 중, 우연히 아는 사람으로부터 소개받아 이곳에 들어오게 되었는데요. 오히려 그래서 한층 열린 마음으로 한옥이라는 건축 양식과 북촌이라는 동네를 받아들일 수 있었던 것 같습니다. 조금 전 북촌한옥역사관에서 들었던 설명처럼, 이 한옥 역시 조선 시대의 전통 한옥이 아니라 일제 강점기에 등장한 도시형 한옥입니다. 쉽고 빠르게 보급하기 위한 양식이기에 덩치는 작고 공간 구성은 단순합

내가 건축사사무소로 사용한 '깊은풍경한뼘마당집'.

니다. 사랑채, 안채, 행랑채 등 여러 채가 아닌 딱 한 채로 이루어져 있지요. 구조 형식도 한결 단순하고 가볍습니다.

바로 옆집은 살림집입니다. 때때로 아이 울음소리가 나기도 하고 아주 가끔은 찌개나 라면 냄새가 풍겨 오는데, 사람 냄새 나는 환경에서 일한다고 생각하니 그리 나쁘지 않더라고요. 집 크기가 고만고만하고 나무 상태가 비슷한 것으로 보아, 목수 한 명이 저 집과 이 집을 거의 동시에 지은 것이 아닌가 하는 생각이 듭니다. 그래서 좋은 점이 저 집 또한 내 집의 일부인 것 같은 착각이 든다는 겁니다. 담 너머 바깥을 보면 옆의 살림집과 게스트 하우스의 처마들이 보이는데, 다들 비슷한 한옥이다 보니 그 처마들도 내 집의 일부인 것 같아서 괜스레 으쓱해집니다. 도시에서 멀리 떨어져 나와 외딴 한옥마을 한가운데에 들어와 있는 것 같은 착각도 들고요.

이웃들로부터 이야기를 들어 보니 원래 이곳에는 아주 오래된 한옥이 있었다 하는데요. 그 집을 허물고 같은 크기로 다시 지은 것이 지금의 한옥이라 합니다. 건축법에서 재축이라고 부르는 행위이지요. 그 설명을 듣고 보니 이곳의 방바닥이 왜 이렇게 낮은지 이해가 되었습니다. 아마도 여기가 예전 한옥에서는 마당에서 곧바로 들어와 아궁이에 불을 때는 공간인 부엌이었나 봅니다. 제가 들어왔을 때, 이 집은 살림집이었습니다. 저는 다락

바닥과 벽, 벽 안쪽에 다락으로 연결되는 계단들을 허물어서 공간을 연결하고 책꽂이로 한데 묶었습니다. 벽을 허물고 난 다음에는 높낮이가 달라 난간을 두었는데, 두툼한 수납장과 선반을 겸한 것입니다. 각각의 방향에 따라 신발장과 두꺼비집, 책꽂이 등을 두었고, 한쪽 구석에는 조명 스위치를 붙였습니다. 덧붙여 ㄱ자 싱크대를 一자로 줄이고 욕실에서 샤워 부스를 없애는 등 집에서 사무실로 바꾸는 추가 작업을 통해 지금의 모습이 된 것입니다.

오늘 함께 나들이 다니면서 많은 건물을 구경했는데요. 건축사사무소에서 갤러리로 바뀐 공간사옥, 구한말 대감 댁에서 정당 청사와 한정식집을 거쳐 베이커리 카페가 된 어니언, 동네 가게와 양옥집에서 복합 상업 시설이 된 설화수의 집과 오설록 티하우스, 공중목욕탕에서 갤러리와 팝업 스토어로 바뀐 물나무 사진관, 군사 시설에서 병원으로, 병원에서 다시 미술관이 된 국립현대미술관 등 대략의 공간 구조는 그대로 남아 있는데 쓰임새가 달라진 건물들이 꽤 많았습니다.

어떻게 보면 여기도 그런 경우입니다. 살림집에서 건축설계 사무소로 달라졌으니까요. 쓰임새는 바뀌었지만 부엌 아궁이 공간의 구조가 유전자처럼 남았는데요. 예전의 공간 구조에 새로운 쓰임새가 덧씌워지면서 공간의 성격에 미묘한 뉘앙스를 만들어 냅니다. 예전에 부엌이었던 바닥 낮은 방에서 직원들이 일

깊은풍경한뼘마당집의 다양한 풍경.

하거든요. 소장인 저는 바닥이 높은 방에서 일하고요. 저는 내려다보고 직원들은 올려보면서 권력관계가 자연스럽게 환기됩니다. 우스갯소리고, 권력관계를 떠올리지 않더라도 충분히 재미있는 공간입니다. 날씨 좋은 봄과 가을에는 마당을 향해 창문을 활짝 열고 일하는데, 창밖 마당 건너편의 바닥 낮은 방을 보면서, 종종 예전 안방에서 부엌을 바라보았던 시선을 연상하기도 합니다. 예전의 맥락이 지금의 맥락에 겹친다고나 할까요. 직접 오르내리며 찬찬히 머무르다 보면, 1미터가 채 되지 않는 바닥 높이 차이가 공간의 느낌을 꽤 풍성하게 연출하고 있음을 실감할 것입니다.

한옥에서 지내면서 감사하게 느꼈던 것은 무엇보다 여러 측면에서의 감각이 한결 생동감 있게 되살아난다는 점입니다. 새삼스럽게 겪게 된 많은 사소한 것들이 저에게는 사무치는 깨달음을 주었습니다. 일단 이 창살이 그랬습니다. 아주 예전에 창호지를 썼을 땐, 대책 없이 찢어지는 것을 막기 위해 촘촘한 창살을 두어야 했지요. 그 뒤, 처음 나온 유리는 지금보다 가격은 더 비쌌지만 강도는 더 약했습니다. 그래서 역시 창살이 필요했습니다. 창살로 면을 미리 나누어 놓고 작게 자른 유리를 조각보처럼 이어 붙여 창을 만들었습니다. 유리가 깨지더라도 딱 그 작은 유리만 갈아 끼우면 되게끔 말이지요. 지금은 유리가 그리 비싸지도 않은 데다 웬만하면 잘 깨지지 않을 정도로 강도가 세서 창살이 필요 없습니다. 그래서 창문을 유리 한 장으로 가득 채우고, 열리는 부분과 고정된 부분을 구분하는 지점에 창틀을 세웁니다. 창틀만 남고 창살은 없어진 것이죠. 저도 단독 주택을 설계할 때 창살 디자인을 따로 하지 않았어요. 기술적으로 필요한 요소가 아니라면 되도록 생략한다는 모던 건축의 연장선상에 제가 펼치는 디자인이 있기 때문이겠지요. 여기 창살은 기능 때문이라기보다는 한옥 느낌을 재현하기 위해서 붙인 것일 텐데, 세입자가 집주인 허락 없이 함부로 이것저것 손볼 수는 없습니다.

그런데 창살 있는 방에서 지내다 보니, 그동안 창살의 묘미를 제대로 알지도 못한 채 지내 왔다는 생각이 들더라고요. 창살은 빛을 잘게 쪼개어 걸러 주는 필터입니다. 창살 그림자 덕분에 방 안에 햇볕이 들어오는 것이 아니라 방 안으로 조각난 빛이 쏟아진다는 느낌이 듭니다. 그리고 햇살이 면이 아닌 패턴으로 들어오다 보니 시시각각 변하는 햇빛의 각도를 더 잘 읽어 낼 수 있게 됩니다. 시간의 흐름과 계절의 변화를 더 민감하게 느끼게 되는 것이죠. 그리고 창살은 시선을 적당히 걸러 주는 필터이기도 합니다. 시선이 창살을 넘나들면서 안팎 풍경은 부담스럽지 않게 누그러집니다. 풍경이 해상도가 살짝 낮아진 채로 창살을 넘나들게 되지요. 그래서 방 안에서 창밖을 의식하는 입장에서는 방 안 분위기가 조금 더 아늑하게 느껴지고, 창 바깥에서 방 안을 들여

다보는 입장에서는 방 안이 조금은 더 신비로워 보입니다.

　　　　　창살과 함께 감각을 조금 더 민감하게 깨워 준 것으로 대문을 들 수 있습니다. 작은 대문 자체가 기단, 기둥, 보, 서까래, 지붕 등 형식을 갖춘 작은 한옥이라 할 만합니다. 시선을 조금만 돌리면 창밖으로 대문이 보이는데, 다듬어진 비례감과 짜임새 있는 모습에 구경하는 재미가 쏠쏠합니다. 시각과 날씨에 따라 끊임없이 미세하게 달라지는 모습은 보는 재미를 더해 줍니다. 올록볼록 볼륨이 풍성한 기와지붕은 그림자의 변화도 잘 느껴지고, 눈도 더 예쁘게 쌓입니다. 햇볕과 눈과 비 등등 시시각각의 변화가 즉각적으로 반영된다는 점에서 대문을, 현상을 도드라지게 드러내는 캔버스 또는 모니터라 할 수 있습니다.

　　　　　한옥에 들어와 있으면 괜히 기분이 좋아지는데, 그 이유 중 하나는 건물 안이라기보다는 커다란 공예품 안에 들어온 듯 느껴진다는 것입니다. 대충 둘러봐도 어떻게 만들어진 구조체인지 직관적으로 이해가 됩니다. 기와, 기둥, 서까래 등 각각의 부품들이 결합된 상황이 겉으로 드러나니, 구체적인 지식이 없어도 어떤 식으로 지었을지 대략 파악할 수 있습니다. 부품 하나하나의 크기가 내 몸의 스케일 감각과 잘 들어맞는다는 점도 이야기하고 싶습니다. 콘크리트로 찍어 내어 층층이 쌓아 올리는 식으로 만들어지는 건물에서는 읽어 낼 수 없었던 감각이지요. 결과적으로 구

　　　　　　　　　　　　　　　　　　　　　　　　　　　　북촌 건축 기행

조체와 나, 집과 내 몸이 좀 더 친밀하게 엮이는 듯한 기분이 듭니다. 게다가 이 형식은 천 년이 넘는 세월 동안 수많은 시행착오를 겪으며 수많은 사람의 안목 속에서 공감을 얻어 약속처럼 굳어진 양식입니다. 어설프게 흉내를 내기만 해도 아름다워 보이죠.

하지만 집이라는 상품이 갖추어야 할, 단열 같은 기본적인 성능은 아무래도 떨어지는 것이 사실입니다. 예전 한옥처럼 윗목에 놓은 물그릇에 살얼음이 낄 정도는 아닙니다. 가스보일러 바닥 난방으로 불편함은 거의 없지요. 하지만 당장 눈으로만 봐도 집의 안과 밖을 단지 두툼한 한 토막의 나무 덩어리로 구분하고 있음을 확인할 수 있으니, 기밀 성능이나 단열 성능은 아무래도 떨어질 것이라는 사실을 짐작할 수 있습니다.

그런데 큰돈 들여 명품 핸드백을 사는 주된 이유가 성능 때문은 아니잖아요. 질겨서 잘 찢어지지 않는다거나 많은 물건을 담을 수 있기 때문이 아닙니다. 이유는 다른 데 있습니다. 들고 다니면 기분이 좋아지기 때문입니다. 그런 측면이 사치재luxury의 본질인 듯 싶습니다. 한옥 또한 기본 성능은 떨어지나 안에 들어와 있으면 기분 좋아진다는 점에서 집이라는 카테고리에서 일종의 사치재가 아닌가 생각합니다. 어떻게 보면 계동이라는 동네 또한 거주지라는 카테고리에서 사치재라는 생각도 듭니다. 앞서 계동길을 여러 측면에서 분석했습니다만, 서울 같은 대도시의 모든 동네가 계동길처럼 될 수 없지요. 그럴 필요도 없고 그렇게 되어서도 안 됩니다. 수백만 명이 함께 모여 살면서 대다수의 삶의 효율과 쾌적함을 확보하기 위해서는 일정 수준 이상의 밀도를 확보해야 합니다. 촘촘히 모여 살아야 함께 일하기도 편하고 각자 지내기에도 여유가 생기죠. 그리고 많은 사람이 원하는 곳으로 빠르고 편하게 이동할 수 있어야 합니다. 그래서 다수를 위한 일반적인 거주 형식은 아파트가 될 수밖에 없으며, 대부분의 길은 넓고 곧게 뚫릴 수밖에 없습니다. 절대다수의 생필품들은 스토어에서 구입할 수밖에 없고, 절대다수의 생활인은 스토어의 메커니즘으로 운영되는 직장에서 일하며 지낼 수밖에 없습니다.

이런 측면까지 생각해 보면 계동이라는 동네에서, 한옥이라는 형식의 집에서, 나의 숍을 운영하면서 지내는 것에 대해 다시 생각해 보게 됩니다. 극소수의 사람들만 누릴 수 있는 매우 호사스러운 삶이었음을 새삼 깨닫게 되지요. 단순히 분위기 좋은 근사한 곳에서 기분 내며 일하는 것 이상의 의미가 있음을 이해하게 됩니다.

보편적인 삶의 양식이 아니니, 선택된 소수만 누리는 특별한 취향 이상의 의미가 없을까요? 단지 잠깐의 기분 전환이나 구경거리로서 소비되는 대상에 그칠 일일까요? 그렇지 않습니다. 북촌의 풍경, 북촌에서의 생활 방식에 매료되는 만큼 시선을 조금만 달리하면, 우리의 평범한 동네 풍경, 일상생활의 구체적인 정체를 정면으로 직시하는 계기로 삼을 수 있으리라 생각합니다.

북촌은 보편적인 해답이 될 수 없습니다. 다만, 북촌과 신도시 아파트 사이 어딘가에 지금 현실에서의 아쉬움을 어느 정도 보완하면서도 충분히 보편 가능한 건축 양식, 동네의 형태, 삶의 방식이 깃들어 있을 것 같습니다. 이번 나들이가 그 지점을 찾아가는 작은 실마리가 되기를 감히 희망해 봅니다.

오늘 건축 나들이는 이것으로 끝마치겠습니다. 감사합니다.

| 한창 원고를 마무리하던 2025년 말, 깊은풍경건축사사무소는 다른 곳으로 이전하였고 작은 한옥은 스테이로 용도가 바뀌었습니다.

로버트 파우저와의 대담

시간 너머의 거리를 걷다, 북촌 풍경 독해

천경환　선생님과 제가 처음 연락하게 된 계기는 페이스북이었지요. 제가 올린 계동길 '수연 마트' 간판 사진을 두고 "반갑다, 그립다"라는 댓글을 달아 주신 것이 인연의 시작이었어요. 북촌, 계동이라는 곳이 특별한 동네이기 때문에, 그리고 계동이 완전히 관광지화되지 않아 수연 마트로 대표되는 생활의 풍경, 로컬의 풍경이 남아 있기 때문에 이렇게 인연이 닿을 수 있었던 것 같습니다.

로버트 파우저　계동에서도 수연 마트는 굉장히 로컬 색채가 짙은 장소입니다. 2010년에서 2012년까지 계동에서 살았을 때 가게를 운영하시는 부부와 친하게 지냈었는데, 사장님은 통장 일도 맡아 마을 소식지를 돌리시는 등 동네일을 많이 하셨어요. 단순히 아는 가게라서 반갑고 그립다기보다는 '저 두 분이 아직도 저 동네에서 가게를 계속하고 계시는구나!', '저 동네는 아직도 여전하구나!' 하는 반가운 마음이었어요.

천경환　이후 저희가 계동에서 몇 번 만나 이런저런 이야기를 나누었고, 지금은 이렇게 제 책을 놓고 대담도 하게 되었네요. 본격적으로 책에 관해 이야기하기 전에, 우선 선생님께서는 한국 도시의 특징을 어떻게 이해하고 계시는지 그리고 그 맥락에서 북촌이 어떤 의미를 갖는다고 보는지 여쭙고 싶습니다.

로버트 파우저　한국 도시들은 20세기에 두 번의 파도, 즉 두 차례 큰 사건에 의해 급속히 커졌습니다. 첫 번째 파도는 일제 강점기였던 1930년대에, 두 번째 파도는 전후 복구 및 급성장기였던 1960년대부터 1980년대에 밀려왔습니다. 물론 1990년대 이후에도 많은 변화가 있었지만 주로 신도시와 재개발 중심의 변화로, 그 범위가 두 번의 급속 확장기에 비해서 한정적입니다. 그래서 한국의 많은 도시들이, 지금 남아 있는 건물이나 길과 땅의 윤곽 등 물리적 실체들의 나이를 따지고 보면, 의외로 그 역사가 그리 깊지 않아요. 북촌도 그렇습니다. 늘어선 기와지붕을 보며 많은 사람들이 막연히 조선 시대의 산물이라 생각하지만 그게 아니죠.

천경환　북촌의 가장 중요한 정체성이라고 한다면 아무래도 작은 한옥들이 밀집된 풍경일 텐데요. 책에서도 '북촌한옥역사관' 꼭지에서 정세권과 도시형 한옥 이야기를 하면서 다루었습니다만, 지금 눈에 보이는 그 풍경 자체의 역사가 사실 그리 오래된 것은 아니지요.

로버트 파우저　네. 북촌은 첫 번째 파도, 즉 일제 강점기의 산물입니다. 북촌의 건축적, 경관적 가치는 결국 도시형 한옥이 밀집한 것에서 비롯되는데요. 일제 강점기 '조선식 집', 즉 도시형 한옥이 유행한 것은 당시의 여러 문화적 민족주의 운동이 건축으로 표출된 결과입니다. 수백 년 된 역사는 아니지만 이런 배경만으로도 역사적 가치는 큽니다. 이 경관이 보존 가치가 있다는 사회적 공감대가 형성된 것은 1980년대 이후의 일입니다. 비교적 최근의 일이죠.

      천경환   짧지 않은 식민지 시기와 전면적 전쟁, 반강제적 근대화를 겪은 입장에서는 더더욱 그렇지요. 백 년이 채 지나지 않은 과거에, 도시 스케일에서는 비교적 짧은 기간 동안 급속히 형성된 풍경에도 큰 의미를 부여하게 됩니다. 아무튼 북촌의 특징적 경관이 보전 대상을 넘어 적극적 소비 대상으로 널리 여겨지기 시작한 것은, 제 기억으로는 2000년대 초반의 일인 것 같아요. 본격적인 비평과 성찰의 대상으로 삼는 것은 어쩌면 이제부터 함께 해야 할 일일지도 모르겠습니다. 이런 관점은 도시형 한옥의 건축적 형식 그리고 한옥마을의 특징적 경관을 두고 유연하게 생각할 여지를 주는 것 같습니다. 문화재처럼 강박적으로 지켜야 할 고정된 원형이라기보다는, 물론 존중을 바탕으로 두되 당장의 현실과 새로운 깨달음에 맞추어 얼마든지 '갱신'될 수 있는, 느슨한 밑그림으로 이해하는 시각을 열어 주는 것 같아요. 풍경을 통제하는 제도적인 측면으로나 건축물 등 풍경의 바탕을 만드는 실천적인 측면으로나, 더 나아가 풍경을 감상하고 소비하는 입장에서도 말이지요. 그런 맥락에서 도시형 한옥이라는 건축 유형과 북촌의 특징적 풍경을 두고 정말로 끝까지 지켜야 할 것은 무엇인지에 대한 고민과 성찰이 필요해 보입니다.

로버트 파우저　2002년 교토에 살았을 때, 어머니께서 와서 두 달 정도 머무르셨던 일이 있습니다. 그때 어머니의 '교토 살아 보기' 소감은 시대에 뒤떨어지거나 오래되어서 불편하다는 생각은 전혀 들지 않았다는 것, 오래된 것과 새로운 것이 서로 잘 어울리는 조화가 인상적이었다는 것이었습니다. 북촌 또한 역사적 풍경 속에서 새로운 것, 지금 시대의 신선한 것이 잘 녹아 들어갔으면 좋겠습니다. 북촌에서 한옥이 모인 경관은 실제로 얼마나 오래되었는지와 상관없이 매우 중요한 정체성이고 지켜져야 하는 것은 맞습니다. 그러면서도 생활의 편의성과 현대성을 버무리는 것은 쉬운 일이 아닐 거예요. 하지만 한국은 유능한 건축가가 많고 교육 수준이 높아서 얼마든지 가능한 이야기입니다.

천경환　북촌을 동아시아의 다른 도시, 특히 오랫동안 거주해 보신, 그래서 깊게 이해하고 계시는 교토와 비교했을 때 어떤 공통점과 차이점이 있을까요?

로버트 파우저　북촌과 교토의 도시 경관을 비교하면 골목이 많은 것이 공통점이지만 교토의 골목은 전반적으로 더 좁습니다. 대부분의 골목이 19세기 이전에 생겨 지금도 남아 있는 것들입니다. 반면 북촌의 골목은 주로 1930년대에 도시형 한옥을 짓기 위해 큰 필지를 작은 필지로 나누면서 만들어졌습니다.

교토와 같은 19세기 이전의 골목이 많은 지역은 서촌이죠. 그래서 2000년대 말에 서울시가 서촌의 지구 단위 계획을 수립할 때 한옥뿐 아니라 물길과 골목의 역사성을 강조한 바 있습니다. 물론 서촌에도 도시형 한옥이 많지만, 가회동 31번지 등과 같은 큰 한옥 단지는 적어요. 여러 한옥이 밀집된, 직관적으로 인상적인 풍경은 아닙니다. 그래도 좁고 오래된 골목이 많기 때문인지 오히려 북촌보다는 서촌에서 교토와 비슷한 도시 경관을 느낍니다.

천경환 교토와의 비교를 통해 북촌과 서촌의 차이를 들을 수 있으니 의외의 소득인 것 같습니다. 직접적인 건물들의 풍경 못지않게 길의 윤곽으로도 도시의 풍경을 이해할 수 있다는 말씀 같습니다. 확실히 북촌은, 특히 말씀하신 가회동 31번지의 경우 많은 한옥들이 밀집해 있으나 한옥들이 놓인 개별 부지들의 배열은 비교적 질서정연했던 것 같아요. 그에 비해 서촌은 북촌만큼 많은 한옥들이 모여 있는 것은 아니지만, 뜬금없이 사선으로 가로지르는 길의 조직으로 특유의 분위기가 느껴졌던 것으로 기억합니다. 저로서는 북촌과 서촌의 차이 그리고 뭐라 또렷이 설명할 수 없지만 미묘하게 느껴졌던 북촌 풍경의 위화감의 실체를 조금은 이해하게 된 것 같습니다.

조금 감성적인 차원에서 접근해 볼까요? 아마 선생님만큼 세계 곳곳의 다양한 도시에서 살아 본 사람이 많지는 않을 거

예요. 세계 여러 도시, 여러 동네와 비교되는 북촌만의 매력을 간
단하게 말씀해 주실 수 있을까요?

로버트 파우저   보통은 경복궁 옆 삼청동에서 창덕궁
옆 원서동까지를 넓게 통틀어 북촌이라고 부릅니다. 삼청동, 가회
동, 계동, 원서동, 이 네 동네는 물론 공통점이 있지만 서로 분위기
가 많이 다릅니다. 저는 계동에서 살았기 때문에 계동 이야기를 해
보겠습니다. 계동은 제가 좋아하는 동네의 특징이 있어요. 교토의
'철학의 길哲学の道' 근처와 반대편 서쪽의 '니시진西陣'이라는 동네,
그리고 서울의 계동과 서촌, 혜화동. 공통점이라면 동네 사람들이
안정적으로 살아가는 가운데 외지인들도 심심치 않게 들어오는
동네, 생활에 도움이 되는 상점과 친구들이 놀러 왔을 때 특별한
식사를 하면서 색다른 기분을 낼 수 있는 근사한 식당이 공존하는
동네인 것 같아요. 오래된 것과 새로운 것이 공존하고, 살아가기에
편하면서도 너무 상업적으로 치우치진 않은 동네. 차분하지만 너
무 화석화되진 않은 동네. 도시 느낌 들지만 위압적인 대도시 느낌
은 덜한 동네.

천경환   반갑네요. 마침 그게 이 책에서 계동의 매력
으로 다룬 이야기와 연결되기도 합니다. 이제 책 흐름에 맞추어 대
담을 진행하려 합니다.

책에 관해 말씀드리자면 본격적인 이야기는 공간사옥에서 시작됩니다. 계동에서 지내신 것은 2010년쯤이지만 지난번 뵈었을 때, 공간사옥은 1980년대 초반부터 곧잘 오셨던 곳이라 말씀하셨지요. 당시만 해도 서울에서 원두커피를 파는 데가 공간사옥의 카페와 이름이 기억나지 않는 어떤 호텔 커피숍, 두 군데밖에 없었다는 이야기가 매우 인상적이었습니다.

로버트 파우저　　1980년대는 다방 커피가 주류였고, 원두커피를 쉽게 마실 수 없었어요. 그래서 공간사옥의 카페가 특히 외국인들 사이에서 많이 유명했어요. "진짜 커피 마신다"라며 즐거워했던 기억이 납니다. 공간사옥 지하의 소극장에서 사물놀이랑 국악 공연을 보고 난 뒤, 1층 카페에서 원두커피를 마시는 것이 정해진 루틴이었어요. 당시는 그 정도가 모처럼 기분 내며 즐기는 비일상적인 호사였습니다. 한국 생활을 막 시작했을 때인데, 공간사옥이 유명한 건축가가 설계한 건물이라는 인식이 저에게는 없었어요. 다만 벽돌이 매우 인상적이었어요. 당시만 해도 서울에는 콘크리트나 콘크리트 위에 타일을 붙인 건물들이 많았고, 벽돌 건물은 별로 없었거든요. 벽돌과 담쟁이넝쿨 풍경이 (저로서는 친숙한) 미국 느낌이 드는 한편으로, 그러면서도 너무 서양식으로 보이지는 않는 독특한 이미지였습니다.

아라리오에 매각되기 직전에 정식으로 안내받으며 내

부를 구경할 기회가 있었어요. 카페는 없어지고 소극장은 운영하지 않아서 좀 쓸쓸한 느낌이 들었어요. 그런데 그땐 일본 건축이 연상되었어요. 특히 책에서도 나오는 계단은 굉장히 일본적인 느낌이었어요. 좁은 공간의 흐름 속에서 압박과 이완이 반복되는 연출은 일본에 살면서 여러 번 경험했던 것이죠. 1980년대에는 서양식 건물, 2010년대에는 일본식 건물과 유사하다는 느낌. 이렇게 여러 의미로 읽히는 흥미로운 건물이죠. 제 개인적으로는.

천경환　저는 공간사옥이 원형을 갖추고 있었을 때, 내부를 제대로 체험해 본 적이 없어요. 기껏해야 당시 인포 데스크가 있던 작은 로비를 잠시 둘러본 것이 전부예요. 그래서 책에서는 과거 내부 사진을 통해서 짐작한 내용 위주로 설명하고 있지요. 사진과 단편적인 기억을 통해 저는 공간사옥을 매우 정교하고 세련된 이미지로 이해하고 있어요. 어두운 벽돌이나 노출 콘크리트, 한지 등 내부 마감의 질감은 매우 과감하고 강렬한데, 조금 역설적으로 내부 공간 속 가구랑 조명과 함께 연출되는 실내 분위기에서의 미장센은 살벌할 정도로 정교하게 잘 짜였다는 느낌을 받았어요. 그게 선생님이 방금 말씀하신 '일본다운' 느낌이랑 통하는 것 같기도 합니다. 건물의 과거와 현재를 모두 목격하신 입장에서 덧붙일 말씀이 있는지요?

로버트 파우저　저는 공간사옥이 갤러리로 바뀌었다는 소식이 그리 반갑지 않았어요. 그래서 바뀐 후 처음 찾아가면서는 뭔가 따지고 싶은 마음이 들었어요. '뭘 어떻게 대단하게 바꾸었는지' 확인하고 싶다는 마음. 그런데 안에 들어가 둘러본 뒤에는 '그래도 살아남아서 다행이다'라는 생각이 들었고 두 번째, 세 번째 방문할 때는 매우 고마운 마음까지 들었어요. 추억이 서린 장소가 변한다고 하면 아쉽고 속상하긴 하죠. 추억이 각별할 땐 저항감까지 들 때도 있어요. 그런 마음이 완전히 사라지진 않지만, 험한 현실 속에서 존재 자체가 없어진 것은 아니니 그 자체로 감사한 마음이 들죠. 더 나아가, 건물로서는 새로운 삶에 도전하는 셈인데, 그 도전 자체를 응원하고 싶다는 생각도 들고요. 책에 깔린 논조 또한 이런 제 마음의 흐름과 비슷해 보여서 좋았어요. 그리고 디테일에 관한 내용도 매우 흥미로웠어요. 보면 볼수록 새로운 것이 보이고, 같은 것도 달리 보이는 건물의 힘은 결국 디테일에서 비롯되는 것이겠지요. 공간사옥을 다룬 단락에서 그 점이 잘 드러나는 것 같아요.

아무튼 건물의 용도가 바뀌면 일단 걱정하는 마음이 들지만, 시간이 지나면서 새로운 출발을 응원하게 되고, 새롭게 태어났다는 그 사실만으로 고마운 마음이 들기도 합니다. 어니언도 마찬가지고요.

천경환　자연스럽게 어니언 이야기가 나왔는데, 원래
는 한정식집이었지요?

로버트 파우저　네, 한정식집이었어요. 계동에서 살
면서 매일 어니언 앞을 걸어 다녔습니다. 커다란 한옥이라 안을 구
경하고 싶었는데, 혼자서 한정식 사 먹을 수는 없으니까 아쉬웠죠.
그러다 큰맘 먹고, 알고 지내던 목수를 비롯한 지인들이랑 함께 예
약해서 들어가게 되었어요. 식사는 핑계였고 한옥 구경이 진짜 목
적이었어요. 한 명씩 번갈아 슬쩍 일어나서 여기저기 기웃거리며
구경했던 기억이 납니다. 사실은 진작부터 한정식이라는 사업은
더 이상 유지되기 어려운 분위기였고, 당시 손님들이 많지도 않았
어요. 그래서 큰 무리 없이 구석구석 구경할 수 있었죠. 베이커리
카페로 변한 것은 어쩌면 자연스러운 흐름이었던 것 같아요. 방이
많은 큰 한옥이었는데, 마당에는 지붕이 있었어요. 같이 구경 간
한옥 목수와 저는 많이 아쉬워했어요. 사실은 흔히 목격하게 되는
장면인데도요. 한옥을 상점으로 쓰게 되면 흔히 마당 위를 지붕으
로 덮어서 넓은 실내 공간을 확보하려 하니까요.

천경환　한정식집에서 베이커리 카페로 리모델링되
면서 오히려 한옥의 원형이 회복된 측면이 있네요. 마당이 복원되
었으니까요. 하얀 자갈이 깔린 마당 못지않게 건물이 재밌습니다.
기둥을 비롯한 구조체만 남겨 놓고 다 헐어 버리고 통유리로 씌우

는 등 파격적인 디자인인데, 묘한 양면성이 있는 것 같습니다. 현대적으로 리모델링하는 가운데 한옥의 원형이 고스란히 드러나게 되어 결과적으로 한옥의 본질에 좀 더 다가가게 된 것 같아요.

로버트 파우저 오랫동안 시간을 두고 여러 번 건물을 방문하게 되면, 당시 제 나이에 따라 건물의 이미지도 많이 달라지는 것 같아요. 한정식집에서 베이커리 카페로 리모델링된 어니언을 처음 구경했던 것은 50대 중반의 일이고, 지금은 60대인데, 건물에 대한 느낌이 달라요. 처음에는 한옥에 대한 폭력을 느꼈어요. 한옥을 너무 과감하게, 다소 거칠게 다루고 있다고 여겼지요. 그런데 지금은 많은 젊은 사람이 한옥을 즐기는 모습이 너무 아름다워 보이는 거예요. 조악한 한복을 입고 다니는 외국인 관광객들도 예전 같았으면 유치하다고 생각했을 텐데 지금은 너무 좋아 보입니다. 낯설어 보였던 리모델링 결과물도 익숙해져서 그런지 자연스러워 보이고요.

천경환 책 이야기로 돌아오자면, 경복궁 건춘문 앞에서 금호미술관과 갤러리현대, 두 미술관을 관찰하면서 또 다른 나들이를 시작합니다. 두 미술관이 본격적으로 존재감을 드러낸 것이 1990년대 중반의 일이죠. 그것이 북촌 일대 동네 분위기의 변화를 상징하는 사건이었다고 생각해요. 그전에는 건춘문 일대의 동네 분위기가 지금과는 많이 달랐거든요. 국립현대미술관도 없었고.

로버트 파우저　금호미술관은 거기에 없었고, 갤러리 현대는 '현대화랑'이라는 이름이었는데, 리모델링 전에는 디자인적으로 크게 눈에 띄는 건물은 아니었어요. 건춘문 건너편 일대에서 눈에 띄는 곳은 현대화랑보다는 '프랑스 문화원'이었어요. 무료로 프랑스 영화를 상영해 주기도 했는데, 일부 젊은 사람들 사이에서 중요하게 여기는 곳이었어요. 기억에 남는 것이 그곳뿐이었다는 점으로, 분위기가 지금과 달리 한가하고 조용했음을 짐작할 수 있죠. 북촌에 오랫동안 관심을 두고 있고 애정도 많은 저로서는 국립현대미술관의 등장은 일종의 거대한 문화 권력이 일방적으로 침투해 온 듯한 느낌이었어요. 그래서 막연한 반감도 있었지요. 그런데 책에서는 장소의 역사성과 함께 건물 자체를 매우 구체적으로 소개하고 있어요. 그 점이 제 이해의 폭을 넓혀 준 것 같아요. 사실은 국립현대미술관을 두고는 전시회나 작가 및 작품 이야기는 많은데, 정작 건물에 대한 이야기는 별로 없었어요. 건물 면면을 깊게 다루는 것이 이 책의 큰 장점이라 생각해요. 건물이 주변과의 연결을 많이 고려하고 있었다는 사실을 알게 되었고, 덕분에 이 건물이 단순한 침입자가 아니라 동네의 일부분으로 자리매김할 만한 존재라는 것을 이해했어요. 건물의 구석구석을 자세히 다루면서 건물이 지닌 다양한 얼굴과 표정을 잘 소개하고 있는 점이 참

좋았습니다. 마당 이야기도 그렇고요. 전시를 보러 가면서 당연히 마당을 지나다녔는데, 마당과 관련해 여러 가지 생각할 거리가 있다는 사실을 비로소 깨닫게 되었어요.

천경환　이제 국립현대미술관에서 정독도서관 쪽, 홍현 북촌마을안내소(이하 홍현)로 넘어가 이야기해 보자면, 이쪽 거리 풍경도 과거와 많이 달라졌지요. 저는 2000년대 초반에 삼청동에서 잠시 살았어요. 그때는 정독도서관을 왼편에 끼고 계동길 방면으로 넘어가는 언덕길에 이르면 완전히 다른 동네로 넘어간다는 기분이 들었지요. 그래서 여유롭게 산책하면서도 언덕길을 넘어가려는 마음은 좀처럼 들지 않았지요. 그런데 지금은 홍현과 송원아트센터 덕분에 언덕길이 즐겁게 넘나들 수 있는, 또 다른 동네로 가볍게 이어지는 중간 통로 같은 느낌이 듭니다.

로버트 파우저　저도 비슷한 생각이에요. 2010년대 초 계동에 살았을 때도 이 언덕길은 길게 옹벽으로 막혀 있었지요. 아주 작은 동네 철물점이 있었을 뿐, 대체로 비어 있는 장소였어요. 썰렁한 길이었죠. 책에서 홍현과 함께 소개하는 서울교육박물관은 현재 언덕길에서 곧바로 접근할 수 있는데 그때는 옹벽으로 막혀 있어 정독도서관을 통해서 들어가야 했어요. 언덕길에 대한 인상은 홍현이 생기면서 많이 달라졌는데, 이 때문에 송원아트센터의 이미지도 바뀌었다는 사실을 말씀드리고 싶어요. 홍현이 생기기 전, 썰렁한 언덕길을 배경으로 한 송원아트센터는 이질감이 들고 실제 이상으로 거대해 보여 부담스러웠어요. 옹벽을 허물고 홍현이 들어서면서 언덕길에 여유가 생겼는데, 덕분에 송원아트센터가 대단한 이방인이나 침입자로 느껴지지 않게 되었어요. 거기에 잘 어울리는 여러 건물 중 하나가 된 것 같아요.

다른 한편으로는 홍현이 들어서면서 서울교육박물관이 언덕길 방면으로 모습을 드러냈는데, 그 건물 또한 송원아트센터와 잘 어울려 보입니다. 서울교육박물관은 일제 강점기의 서양식 건물이고 송원아트센터는 아주 모던한 스타일인데, 평범하지 않은 건물이 하나만 있으면 뜬금없지만 두셋이 모이면 제법 괜찮아 보일 때가 있거든요. 각자의 개성이 함께 잘 어울리는 것 같아요.

천경환 옹벽이 허물어지고 홍현이 생기고 숨어 있던 서울교육박물관이 모습을 드러내면서 먼저 자리 잡고 있던 송원아트센터와 어떤 균형이 이루어진 것 같다는 말씀인데, 건축이나 도시 방면으로도 전문가 못지않게 날카로운 감각을 가지신 것 같아요. 지난번에 계동 작업실에 찾아오셨을 때, 송원아트센터 필로티 주차장을 언급하시면서 보행 흐름이 끊어진다는 점에서 부정적으로 본다고 말씀하셨는데 그 말씀도 저는 놀라웠어요. 자동차

    북촌 건축 기행

서너 대 정도를 동시에 주차할 만한 너비로, 제 감각으로는 그렇게 긴 거리가 아니거든요. 그 정도를 두고 보행 흐름이 끊겨 아쉽다고 말씀하셔서 의외였어요. '각별한 마음으로 관찰하고 느끼시는구나' 하는 생각이 들었고, 저는 셀 수 없이 지나치면서도 그렇게 생각하지는 못했지요. 서울 사람으로서 그런 상황이 익숙하기 때문일 수도 있고요.

로버트 파우저 주차장은 죽은 공간이거든요. 거리 활기에 도움이 되지 않지요. 주차장 자리에 만약 카페가 생겼다면 골목에 사람이 조금이라도 많아지면서 활기가 생기지 않았을까요. 카페에 앉아서 그 모습을 즐길 수도 있었겠지요. 송원아트센터 주차장은 윤보선 대통령 집으로 내려가는 골목에 접해 있는데, 이 골목이 멋진 길이거든요. 그런데 딱 주차장 언저리만 조금 썰렁해요.

천경환 송원아트센터뿐 아니라 서울 곳곳에서 목격하는 문제이지요. 정독도서관 옹벽과 서울교육박물관, 홍현 등의 변화로 재미있고 아기자기한 영역이 되었는데요. 보행 흐름을 중요시하는 선생님으로선 그런 변화가 무척 반가우셨을 것 같아요. 그런데 옹벽에는 나름의 분위기가 있긴 하죠. 완전히 막혀 있으니까 오히려 좀 보호받고 있다는 느낌도 있고요. 너무 길고 높으면 삭막하지만, 적당하면 근사한 거리 풍경이 될 수 있어요. 그렇게 생각해 보면 홍현이 들어섬으로써 언덕길 풍경, 보행 환경이 아주 좋아진 건 사실인데 그만큼 뭔가 예전 북촌의 조용하고 차분한 분위기와는 조금 멀어지지 않았나 하는 정도의 작은 아쉬움이 있습니다. 북촌이 조금 더 균질화되었다는 느낌도 들고요. 북촌이 워낙 유명해지다 보니까 '이 정도의 공백도 그냥 남겨 둘 수는 없다'라는 강박 비슷한 감정도 느껴지는 것 같고요. '길이로 따지면 한 100미터가 채 안 될 텐데, 그 정도도 그대로 두지 못할까' 하는 생각. 물론 책에서도 여러 번 밝혔듯 홍현이 매우 좋은 건물이고 덕분에 그 부근이 좋은 장소가 된 것은 맞는데, 살짝 시선을 달리하자면 그만큼 여백이 좀 사라졌다는 생각이 듭니다.

로버트 파우저　네, 그렇게 볼 수도 있겠네요. 그리고 어쩔 수 없는 일이지만 조금 인위적으로 꾸몄다는 느낌이 들기도 합니다.

천경환　설화수의 집은 비교적 최근에 생긴 시설인데, 서울에 오셨을 때 방문하셨는지요? 책에서 많은 분량을 들여 다루고 있습니다.

로버트 파우저　네, 뉴스에 나와서 궁금한 마음에 오픈한 지 얼마 지나지 않아 한 번 갔었고 지난번에 뵈었을 때도 방문했어요. 한옥이 좋아 한옥에 살았고, 관심이 많으니 아무래도 한옥 위주로 보게 되더라고요. 그런데 책에서는 한옥뿐 아니라 뒤쪽의 양옥(오설록 티하우스)까지 자세히 다루고 있어 시야가 넓어진 것 같아요. 구경하면서도 깨닫지 못했던 디테일 이야기가 많아 재미있게 읽었습니다.

천경환　책에서도 언급한 내용인데, 북촌이라는 동네의 이미지가 고급스러워져서 웬만한 프리미엄 브랜드도 북촌에 많이 의지하는 현상을 극명하게 보여 주는 사례인 것 같아요. 그리고 한옥과 양옥이 같이 결합된 상황 자체가 매우 북촌다운 모습 같기도 하고요. "북촌에 들어서는 상업 건물은 어떠한 형식이 바람직할까?"에 대한 모범 답안이라 생각해요.

책에서는 설화수의 집 구경을 마치고 북촌로를 건너 계동길로 들어갑니다. 계동길을, 일반인을 대상으로 한 책이라고 하기에는 조금 시시콜콜하게 다루고 있는데요. 계동길에 대해서는 생활인으로서 저보다 더 깊이 이해하고 계실 테니 많이 반가우셨을 것 같아요.

로버트 파우저　네, 맞아요. 추억의 장소가 많이 나와서 반가웠습니다. 물나무 사진관, 뮤지움헤드 등 저에게는 각각 조금씩 다른 의미가 있는 추억의 장소입니다. 특히 뮤지움헤드에 대해서는 생각이 많아요. 뮤지움헤드는 오랫동안 그리 눈에 잘 띄지 않는 집이었어요. 덩치는 크지만 계동길에서는 세무고등학교로 연결되는 막다른 골목길로 살짝 들어가 있어서, 세무고등학교 학생이 아닌 이상 그 앞을 지나다닐 일이 없었죠. 처음에는 골목길의 일상 풍경과는 거리가 있는 갤러리가 들어온다고 해서 이 역시 문화 권력의 침투처럼 보여 조금 거부감이 들었어요. 문화의 이름으로 자기 하고 싶은 대로 화려하게, 동네와 상관없는 시설이 생긴다는 데 반감이 있었거든요. 물론 시간이 흐르면서 적응하고, 2층 카페는 나름 단골이 되면서 가게 주인과 다른 단골들과 함께 공동체 같은 느낌이 생기기도 했어요. 그래서 처음의 반감은 많이 누그러졌지만 그래도 여전히 계동길과는 살짝 겉도는 것 같다고 생각합니다.

　　　　천경환　리모델링은 굉장히 잘되었지만 스케일이 계동길하고 어울리지 않고, 마당도 계동길 분위기랑은 살짝 거리가 있지요. 땅과 건물 크기, 마당의 성격 때문에 거부감을 더 크게 느끼신 것 같아요. 그런데 사실 건너편에는 인촌 김성수 옛집이 있지요. 우연히 들어가 본 적이 있는데 정말 으리으리해요. 선생님이랑 이야기하면서 드는 생각인데, 원래 계동길은 아늑하고 친밀한 로컬 분위기와 권력가나 부자들의 주택이 풍기는 권위적이고 차가운 분위기가 공존하고 있었다는 생각도 듭니다. 실제로 해방 직후 건국 초기에는 이곳에서 유력한 정계 인사들이 많이 살았다고 하고요.

　　　　　　　　　　　　　　　　　　　　　　　　북촌 건축 기행

로버트 파우저　네, 그렇게 볼 수도 있죠. 계동 뒤쪽의 가회동으로 통하는 언덕길에는 이화여대 김활란 여사가 살던 집도 있었고요.

천경환　그만큼 계동은 두툼하고 풍성한 것 같아요. 얼핏 마냥 아늑하고 친밀하기만 한 동네 같은데, 자세히 보면 살짝 어색한 면도 있고요.

물나무 사진관, 예전 중앙탕 이야기로 넘어갈까요? 책에서도 언급했지만, 물나무 사진관의 프로젝트로 설치한 상인들의 흑백 사진은 이제 계동길 특유의 정체성이 되었지요. 그런데 한 해, 두 해 지나가면서 사진들이 하나씩 사라지더라고요. 가게가 없어지고 주인이 달라지니까요. 사진이 계동길의 상권 성격의 변화를 시각적으로 알려 주는 지표가 된 것 같아요. 동네 사람끼리 친하게 지내며 문제의식을 공유하고, 활짝 웃는 본인의 모습이 담긴 사진을 각자의 가게에 걸 수 있는 분위기, 그리고 그런 사진들로 이루어진 거리 풍경, 이런 것들은 계동길이기에 가능한 상황이라는 생각이 거듭 듭니다.

로버트 파우저　아주 흥미로운 모습이죠. 제가 살았던 교토 철학의 길에서도 비슷한 상황을 목격했어요. 서울의 종로구 체부동에서도 그랬고요. 단지 유명한 관광지라는 사실을 넘어,

좋은 동네에는 거주인 간의 끈끈한 네트워크가 있는 거죠. 동네가 좋으면 살아가는 사람들이 서로 친해지고 연대감을 느끼게 되고, 네트워크를 만드는 것 같아요. 그 네트워크는 외부인에게는 보이지 않아요. 제가 우연히 사진관 주인과 어울려 새벽 늦게까지 막걸리를 마셨다든지, 수연 마트에서 자주 장을 보면서 알게 된 이웃의 어떤 총장님으로부터 장기 외국 여행이나 출장 중에 뜻밖의 도움을 받았다든지 하는 식의 일들을 외부인들은 짐작도 할 수 없을 테니까요.

그런 네트워크가 없는 동네도 많아요. 신도시도 그렇고. 겉보기에 아늑하고 느낌 좋은 동네라고 해도 반드시 네트워크가 탄탄한 것도 아니에요. 동네 가게가 줄어들고 주인이 자주 바뀔수록 네트워크는 약해지기 마련이에요. 주민들 못지않게 방문객들이 많다는 사실이 거꾸로 주민들 사이의 연대감을 단단하게 하는 계기도 되는 것 같아요. 계동에 살던 당시에는 네트워크로 인해 생기는 소소한 사건들이 자연스럽고 당연하게 느껴졌는데, 돌아보면 굉장히 고마운 일들이었어요.

천경환　공통된 물리적인 배경을 무대로 어떤 사람들이 어떤 관계를 맺고 있느냐에 따라서 다층적인 세계가 펼쳐지는 것 아니겠습니까? 방문객들은 알아차리기 힘든 다른 세상의 네트워크. 그런데 특히 계동길은 방문객들, 관광객들의 세계와 거주인들의 세계가 균형을 이루어 각각의 네트워크가 빛이 나는 거죠.

　　　　　로버트 파우저　　맞아요. 가게나 주인이 바뀌어도 새로운 거주민이 어떻게 지내느냐에 따라 얼마든지 기존 네트워크의 일부가 될 수도 있어요. 물나무 사진관을 네트워크의 주요 구성원으로 이야기하고 있지만, 사실 그 가게도 오래된 토박이 가게는 아니었어요. 계동길이 관광지로서 유명해지니까 그런 가게도 생겨난 것인데, 어떻게 보면 이질적인 문화가 들어온 것이죠. 하지만 사진관은 계동길의 거주민 네트워크를 존중하는 마음이 있었고, 자연스럽게 스며들어 갈 수 있었던 것이지요.

　　　　　천경환　　계동길이 유명해지지 않고 계속 평범한 동네로 남았더라면 굳이 "야, 우리 사진 찍어서 가게에 걸어 볼까?"라는 발상을 하지 않았겠지요. 동네가 점점 달라지고 있다는 위기의식이 생기면서 그에 대한 대응이 사진으로 가시화된 게 아닌가 하는 생각이 들어요. 그런 점에서 물나무 사진관의 주인에게 매우 감사한 게, 사실은 그분도 방금 말씀하신 것처럼 새로 들어온 사람이잖아요. 계동길에 대한 애정과 나름의 소명 의식으로 기존의 네트워크에 스며들어 갔기 때문에 이런 프로젝트가 가능했던 것이지요. 좋은 사진을 찍는다는 것은 결국 피사체와의 좋은 관계 맺기를 전제로 하니까요.

　　　　　로버트 파우저　　어떤 동네에 자리 잡아 장사가 잘되고 유명해진다고 꼭 그 동네 네트워크에 포함되는 것도 아니에요. 특히 젊은 사람 중에는 이웃과 단절하며 사업하는 사람이 더러 있어요. 좋다 나쁘다 평가할 것은 아니지만 동네에 살았던 사람으로서는 아쉬움이 남죠.

　　　　천경환　계동길을 분석하면서 샵과 스토어를 비교하는 내용을 다뤘어요. 가게는 영어로 숍으로도 번역할 수 있고 스토어라고 번역할 수도 있잖아요. 계동길은 다른 길에 비해 다른 데서 만들어진 상품을 가져다 쌓아 놓고 파는 스토어(창고)보다는 한자리에서 만들고 진열해서 파는 숍(공방)이 많은 것이 큰 특징이라는 내용이지요. 아까 계동길 상인들의 네트워크, 연대 의식을 이야기하셨는데, 숍을 운영하는 장인들이 비슷한 기질을 갖고 있기에 가능하였던 게 아닌가 하는 생각도 듭니다. 이런 식의 설명이 적절했는지 궁금합니다.

　　　　로버트 파우저　맞는 설명이긴 한데, 제가 아는 한에서는 영어의 방언 차이인 것도 있어요. 숍은 조금 영국 냄새가 있고 스토어는 미국 냄새가 있는데, 미국 안에서도 지역마다 조금씩 뉘앙스가 달라요. 같은 서점도 북숍^{book shop}이라 하면 영국 느낌, 북스토어^{book store}라고 하면 미국 느낌이 나요. 이제 한국말로 숍이라 하면 인디 상점, 젊은 사람이 독립적으로 운영하는 가게라는 느낌

　　　　　　　　　　　　　　　　　　　　　북촌 건축 기행

이 있죠. 물론 스토어의 뿌리는 '창고'가 맞습니다.

계동은 북촌의 다른 동네랑 달라요. 삼청동보다 땅이 좀 잘게 나뉘어 있어 상대적으로 작은 가게들이 들어올 수밖에 없어요. 물나무 사진관도 공간의 깊이가 얕아서, 본격적인 상업 시설로 쓰기에 다소 애매해요. 안국역 근처까지 가야 어니언 정도되는 그나마 큰 가게들이 나와요. 예전 '공드리'가 계동길에서는 좀 큰 가게였는데, 다른 동네에 비하자면 그리 큰 규모가 아니었죠. 계동길에는 토속촌 같은 커다란 식당이나 술집이 들어올 수 없어요. 업종에도 한계가 있고요. 그런 것들이 계동이 삼청동 등 다른 북촌이나 서촌과는 차별되는, 너무 상업화되지 않게 하는 배경 중 하나일 것 같습니다. 규모나 용도가 제한적이니 임대료가 비교적 낮게 형성되고, 그래서 기대 수익이 그리 높지 않은 공방 느낌의 숍이 다른 동네보다 많이 자리 잡게 된 것 같아요.

천경환　계동길만의 특징이 쉽게 사라질 것 같지는 않아요. 말씀하신 것처럼 이런저런 행정적인 규제도 있고, 애초에 필지가 작게 나뉘어 있으니까요. 그래도 체감되는 흐름은 분명히 존재해요. 말씀하신 공드리는 계동길 커뮤니티의 중심 같은 장소였어요. 수제 맥주랑 간단한 안주와 식사거리를 파는 가게였죠. 이 거리에만 있는 단 하나의 가게라는 사실이 실감 나는, 정감 넘치는 분위기였지요. 공드리가 없어지고 프랜차이즈 솥밥집이 들어선 것은 계동길의 성격이 바뀌고 있음을 알려주는 상징적인 사건 같아요. 계동길에서 지낸 지 4년 정도 되었는데, 느린 속도이지만 조금씩 삼청동처럼 변해 가는 흐름이 느껴집니다. 대담을 정리하는 측면에서 계동길 고유의 분위기는 어떤 식으로 유지되고 있는 것인지, 이와 관련해서 우리가 할 수 있는 일이 있다면 어떤 것일지 말씀해 주실 수 있을까요?

로버트 파우저　앞서 말씀드렸지만 계동은 북촌의 다른 동네와 많이 달라요. 원서동에는 대체로 다가구 주택이 많죠. 가회동은 대부분 한옥이고. 삼청동은 입지 때문인지 돌이킬 수 없을 정도로 상업화되었어요. 그에 비해 계동의 성격은 간단하지 않아요. 빌라와 다가구 주택, 한옥이 적절히 공존하고 있어요. 한옥에 대한 관심이 폭증하기 시작한 15년 전쯤에는 계동의 빌라와 다가구 주택을 부정적으로 보는 시각이 많았어요. 한옥이 아니므로 흉물이고, 그런 건물들이 모조리 한옥으로 바뀌면 풍경이 한결 단정해질 거라며 아쉬워하는 사람들이 제 주변에도 더러 있었어요. 지금은 그런 건물들이 한옥과 함께 공존하는 것이 오히려 고맙게 느껴집니다. 왜냐하면 적어도 그런 건물은 '스테이'로 사용할 수 없잖아요. 그래서 그런 빌라와 다가구 주택에서 동네 주민들이 살아갈 수 있고요.

천경환　그렇네요. 가회동은 완전히 한옥으로만 채워져 있어, 겉으로는 예전 한옥 마을 느낌이 물씬 나는데 실제로는 스테이로 바뀐 데가 많고 살림집은 줄었죠. 역설적으로 한옥을 훼손하고 한옥마을 분위기를 해치고 있는 것으로 보이던 연립주택이나 빌라가 주민들이 안정적으로 거주할 수 있게 하는 일정 영역을 제공하고 있어요. 덕분에 선생님이 반가워하셨던 수연 마트 같은, 생활에 관련된 가게들이 계속 존재할 수 있고요. 책에서 쓴 표현입니다만, 그래서 '생활의 풍경'과 '관광의 풍경'이 균형을 이루는 계동 특유의 풍경이 계속 지켜질 수 있는 것 같아요.

로버트 파우저　도시의 즐거움 중의 하나가 평범한 일상에서 우연한 발견을 하게 된다는 것이라 생각해요. 영어로 하면 서프라이즈인데 뜻밖의 발견, 예측하지 못했던 즐거움, 이런 것이 계동길에서는 가능하죠.

천경환　서문에서도 밝혔듯, 이 책이 사실은 '북촌 건축 기행'이라는 프로그램을 실제로 진행하면서 얻은 경험을 바탕으로 한 것이거든요. 그래서 여럿이 함께 도시를 걸어 다니면서 관찰하고 이야기 나누는, '도시 답사' 경험에 관해서도 이야기하고 싶어요. 선생님은 도시 답사의 경험도 많으신 것으로 알고 있어요.

로버트 파우저　네, 그렇습니다. 도시를 걸어 다니는 것은 한국과 일본에 살면서 본격적으로 시작한 일입니다. 대중교

통을 이용했기 때문에 자연스럽게 걸으면서 관찰하게 되었어요. 그리고 20대 초반에 서울대에서 한국어를 공부하면서 북촌과 같은 서울의 오래된 동네를 걷는 것도 좋아했고, 나중에 교토에 살면서 그곳과 비슷하게 오래된 동네를 찾아 다녔습니다. 도시에 대한 관심이 깊어지면서 관심이 같은 사람들과 함께 걷고 사진도 찍고 관찰한 내용에 대한 이야기도 나누게 되었고요. 이때부터 혼자 걷기보다는 다른 사람들과 소통하면서 걷는, 목적이 있는 취미 활동이 되었습니다.

　　　　천경환　　차를 타고 다니는 것보다는 걸어 다니는 편이 한결 다양한 감각으로, 한층 더 높은 해상도로, 보다 더 주체적으로 풍경을 읽게 해 줄 수 있다 생각합니다. 소수의 유별난 취미를 벗어나 많은 이들이 도시 답사의 즐거움을 알게 된다면, 기대 이상의 의미가 될 수도 있을 것 같아요. 꼭 당장 무엇이 대단하게 달라지거나 새롭게 생기거나 하지 않더라도 말이지요. 새롭게 만들거나 바꾸는 일 못지않게, 있는 그대로의 풍경을 읽어 내고 이해하는 일 또한 중요하다고 봅니다. 그렇게 축적된 지금 풍경에 대한 이해와 공감이 결국은 자연스럽게 의미 있는 변화를 이끄는 자양분이 되리라 믿어요. 어쩌면 살기 좋은 도시를 만들기 위해서 대중이 할 수 있는 일 중 여럿이 함께 거리를 걸어 다니면서 풍경을 독해하고 감상을 나누는 도시 답사만 한 것이 없는 것 같아요. 해외

　　　　　　　　　　　　　　　　　　　　　　　북촌 건축 기행

유명 건축가 모셔 오는 것보다, 또는 큰돈 들여서 멋진 건물 몇 개 더 만드는 것보다 도시 답사의 대중화가 좋은 도시, 좋은 거리를 가꾸는 데에 훨씬 더 큰 보탬이 될 거라고 생각합니다. 이 책이 '함께 걸어 다니며 풍경을 읽어 내는 즐거움'을 널리 알리는 데에 조금이라도 도움이 되기를 바라는 마음입니다.

로버트 파우저 한국에서 도시 거리 걷기가 인기를 끌기 시작한 것은 SNS가 등장한 시점과 같습니다. 최근 일이지요. SNS를 가볍게 생각할 수도 있지만, 단순한 구경을 뛰어넘는 기록과 공유의 실천으로 이해할 수도 있습니다. 이 책은 그러한 기록의 행위와 실천의 즐거움을 느낄 수 있어 좋습니다. 이 책의 논조와 사진들이 SNS를 닮아 보인다면, 그것은 우연은 아닐 것입니다.

천경환 슬슬 마무리할 때가 되었습니다. 어떤 사람들이 이 책을 읽었으면 좋겠고, 이 책을 통해 사람들이 어떤 생각을 하게 됐으면 좋겠다는 바람이 있을까요?

로버트 파우저 오래된 거 좋아하고, 건축이나 도시에 대해 전문적인 지식은 없지만 북촌에 관심이 많은 사람, 몇 번 와 봐서 대강의 느낌은 알지만 조금 더 깊이 이해하고 싶은 사람, 북촌과 관련한 교양을 얻고 싶은 사람에게 도움이 될 것 같아요. 어떤 동네나 장소에 관한 이미지는 매스컴이나 SNS 등에 의해 형성되어 굳어지면 바뀌기가 굉장히 어려워요. 그런데 그런 이미지는 대체로 얄팍할 때가 많아요.

북촌이라고 하면 한옥마을에서 관광객들이 한복을 입고 돌아다니는 광경을 떠올리는 것이 보통이죠. 마을은 영어로 타운town입니다. 북촌北村이라는 이름에 '작은 마을'이라는 뉘앙스가 들어 있어요. 그런데 사실 북촌은 타운도 아니고 작은 마을村도 아니에요. 이 책을 읽으면서 사람들이 그 사실을 깨닫게 되었으면 좋겠어요. '북촌은 단절된 작은 마을이 아니다. 일상으로부터 도피하기 위해 찾아가는 테마파크도 아니다. 서울이라는 대도시의 일부분으로 동시대 사람들의 평범한 일상이 펼쳐지지만 조금 독특한 성격을 갖고 있는 동네일뿐이다.' 이런 인식을 갖게 된다면, 이 책이 큰 공헌을 하는 거라고 생각해요.

천경환　우리 일상의 삶에서 동떨어진 구경 대상이 아니라 또 다른 일상이 일어나는 무대일 뿐이고, 그런 점에서 얄은 호기심을 갖고 일회성으로 소비하는 데 그치지 않고 깊이 있게 경험하고 이해할 수 있는 상황이 됐으면 좋겠다는 말씀인 것 같아요.

로버트 파우저　네, 맞아요. 그리고 북촌이니까 한옥 이야기가 나오는 것은 당연하지만 현대적인 건축물, 지금의 거리 풍경과 관련한 이야기가 많은 게 이 책의 큰 장점이라 생각해요. 한옥이 북촌의 전부가 아니라는 사실을 새삼 깨닫게 해 주죠. 지금 시대성을 반영하고 있는 멋진 현대 건축물들과 함께, 어쩌면 그리 대단할 것 없어 보일 수도 있는 거리 풍경을 놓고 진지하게 파헤치고 있다는 것이 좋은 점입니다. 북촌을 온전히 이해하는 데 도움이 되는 책이라 생각해요.

천경환 좋은 말씀 감사합니다. 많은 시간 내 주시고 정성껏 대화해 주셔서 거듭 감사드립니다.

로버트 파우저 저도 오래간만에 즐겁게 서울에 관해, 특히 북촌에 관해 이야기를 나누게 되어 좋았습니다.

로버트 파우저 Robert J. Fouser

1961년 미국에서 태어나 미시간 대학교에서 일어일문학을 전공하고, 동 대학원에서 응용언어학 석사 학위를, 아일랜드 트리니티 칼리지 더블린에서 응용언어학 박사 학위를 밟았다. 1987년부터 1992년까지 고려대학교 영어교육과와 한국과학기술대학(현 카이스트)에서 재직했다. 1995년부터 2008년까지 일본 교토 대학교, 가고시마 대학교 등에서 언어학, 영어, 한국어를 가르친 뒤, 2008년 다시 한국으로 돌아와 2014년까지 서울대학교 국어교육과 부교수로 재직했다. 이 외에도 〈한겨레〉, 〈아시아경제〉 등에 칼럼을 쓰고 있다. 주요 저서로 《외국어 전파담》, 《외국어 학습담》, 《도시독법》, 《도시는 왜 역사를 보존하는가》 등이 있다.

북촌 건축 기행

1판 1쇄 인쇄 2026년 2월 23일
1판 1쇄 발행 2026년 3월 3일

지은이 천경환
펴낸이 이영혜
펴낸곳 (주)디자인하우스

책임편집 김선영
디자인 손익원
교정교열 이진아
홍보마케팅 이가윤
영업 문상식, 소은주
제작 정현석, 민나영
아트디렉션 김홍숙
라이프스타일부문장 이영임

출판등록 1977년 8월 19일 제2-208호
주소 서울시 중구 동호로 272
대표전화 02-2275-6151
영업부직통 02-2263-6900
대표메일 dhbooks@design.co.kr
인스타그램 instagram.com/dh_book
홈페이지 designhouse.co.kr

© 천경환, 2026
ISBN 978-89-7041-325-9 03540

디자인하우스는 독자 여러분의 소중한 아이디어와 원고 투고를 기다리고 있습니다.
원고가 있으신 분은 dhbooks@design.co.kr로 개요와 기획 의도, 연락처 등을 보내 주세요.